Homo intellegens

- oder warum uns die Natur
zu Rassisten macht

05.05.2024

Peter-Paul Manzel

"Je näher man die Natur wird kennen lernen, desto mehr wird man einsehen, dass die allgemeinen Beschaffenheiten der Dinge einander nicht fremd und getrennt sein."

Immanuel Kant

0-te Auflage, 05.06.2024
© Peter-Paul Manzel

ISBN: 9798324720094
Imprint: Independently published ---

Inhaltsverzeichnis

Inhaltsverzeichnis	**4**
Einleitung	8
Rassismus historisch	9
Rassismus biologisch	11
Begriffliche Eingrenzung	14
Eine sozio(bio)logische Theorie	16
Einige menschliche Unterarten	**18**
Die Gattung Homo	19
Genetische Einfalt	20
Klassische Artenbildung	21
Artenbildung durch Anpassung	23
Schnelle Evolution	24
Artenbildung durch Kultur	**26**
Kulturelle Verhaltensweisen	28
Begriffsbestimmung Kultur	30
Menschliche Ratio	32
Erhaltung des Vorhandenen	**35**
Mittelwertbildung	37
Verwandten-Selektion	38
Sexuelle Selektion	41
Status	44
Der Lohn des Status	48
Krieg der Spermien	50
Zur Theorie der Softgene	**53**
Der Übergang vom Gen zum Mem	53
Kultur machte Gene	56
Einige Thesen zu den Softgenen	57

Feuer und Schwert	59
Konformismus	60
Gruppenselektion	**65**
Superorganismus	68
Gruppenselektion und Moral	69
Von Viren lernen	71
Survival of the Friendliest	73
Monogamie	75
Altruismus und Kooperation	**77**
Das Gefangenen-Dilemma	78
Draufgänger und Hasenfüße	81
Freundschaft	**84**
Wir	85
Aufrichtigkeit und Verlässlichkeit	88
Die Anderen	90
Mörderische Rivalität	91
Die Softgene der Landwirtschaft	**93**
Fluch und Segen der Landwirtschaft	94
Kriegerische Auseinandersetzungen	96
Kain und Abel	97
Kein Bock auf Krieg	**98**
Bösewichte	99
Helden	100
Gott und Konformität	101
Weltbilder	**103**
Fremde Welten	105
Kontext	106
Grenzen der Moral	107
Reinheit	108
Geistesverwandtschaft	**111**

Zugehörigkeit	112
Gruppenbildung	113
Ausgrenzung und Rassismus	116
Aggressionsverschiebung	117
Bock auf Gewalt	118
Homo intellegens	**121**
Auf zu einer neuen Spezies	124
Menschliche Gendrift	126
Soziologische Gendrift	128
Eine dunkle Bedrohung	129
Eine neue Sicht der Dinge	**132**
Wider dem Schisma	133
H. intellegens und Naturwissenschaften	135
Technikfeindlichkeit	136
Früher war es nicht besser	137
Fortschritt	140
Klima	144
Rassismus und In-Group	**146**
Barbaren	147
Grenzziehung	148
Identitätspolitik	149
Third wave Antirassismus	150
Antithese zur Identitätspolitik	152
White supremacists	153
Integration	153
Alle Raben sind schwarz	154
Sprache trennt	156
Softgenpool	158

Neubewertung Rassismus	159
Partnerwahl	**162**
Sexuelle Isolation: Eliten	163
Unterdrückung der Frauen	165
Vaterschaft	167
Gorilla – Mensch – Bonobo	167
Liberalisierung der Liebe	169
Einige weitere Folgerungen	**171**
Armut	172
Reichtum	174
Eine weitere dunkle Bedrohung	175
Soziologisches zur Gruppenselektion	177
Was ist zu tun?	**179**
Demokratie	180
Demokratie und Softgene	183
Weltsprache	185
Zusammen	**187**
Literatur	**191**

Einleitung

Rassismus äußert sich dadurch, dass Menschen, meist aufgrund äußerlicher Merkmale, als Rasse, Volk, Ethnie oder Religionsgemeinschaft übertrieben stereotypisiert dargestellt und ausgegrenzt werden. Allerdings erklärt diese Definition doch keine Ursachen.
Rassismus ist ein Übel dieser Welt, dem wir entgegentreten müssen, denn wir leben alle auf demselben Planeten und sitzen dabei alle in demselben Boot. Unser gemeinsames Boot durch globale Krisen wie den Klimawandel zu steuern, dafür bedarf es gemeinsamer Anstrengungen aller. Lösungen für Probleme, die sich weltweit auswirken, sind trivialer Weise nur möglich, wenn möglichst viele Bevölkerungsschichten und Ethnien weltweit eingebunden werden. Als Voraussetzung für eine erfolgreiche Bewältigung globaler Krisen kann zunächst gelten, dass wir uns weltweit auf dieselben Wege und Ziele verständigen müssen. Das wiederrum geht nur auf der Grundlage gemeinsam geteilter Weltsichten. Der einzige Kandidat dafür sind die Naturwissenschaften. Diese sind global und über fast alle ideologischen Gräben hinweg mindestens im Ansatz anerkannt, weil sie sowohl im Entwurf für ein universelles Weltbild wie auch in ihrer Anwendung in der Technik ihre Kraft und Gültigkeit zeigen: Durch die Physik wissen wir heute über den Anfang der Welt, den Urknall erstaunlich detailliert Bescheid. Durch die Astronomie und durch Weltraumtechnik kennen wir die Planeten des Sonnensystems aus der Nähe, dieselben Wandelsterne, die die Griechen und Römer noch für Götter hielten. Ohne Technik auf der Grundlage der Naturwissenschaften gäbe es keine Wettersatelliten und keine Modelle über die Klimaentwicklung, es gäbe

keine Solarzellen oder Windkraftanlagen zur Erzeugung von nachhaltig erzeugtem Strom. Nicht einmal das einfachste elektrische Gerät wäre ohne Naturwissenschaften denkbar. Aber wir benötigen nicht nur die Natur- sondern auch die Kulturwissenschaften. Leider aber scheint das Terrain zwischen den Natur- und Kulturwissenschaftlern eher verminet zu sein. Man begegnet sich noch zu selten friedlich und kooperativ auf demselben Forschungsfeld.

Dieses Buch will einen Beitrag dazu leisten, eine gemeinsame Grundlage für die Zusammenarbeit von Natur- und Kulturwissenschaften zu finden und möchte am Beispiel des Rassismus zeigen, wie fruchtbar ein solcher Ansatz sein kann. Rassismus ist ein weltweites Phänomen. Wenn er aber überall die Menschheit begleitet, so müssen wir seine Wurzeln irgendwo in der Natur des Menschen vermuten. Aber es sind nicht nur Gene, die den Menschen anfällig für Rassismus machen, der Zusammenhang ist komplizierter – und er ist auch kein Schicksal: denn was wir verstehen, können wir ändern. Die These dazu ist: aus dem evolutionären Mechanismus der Gruppenselektion kam es in der Entwicklung der Menschheit zu Abgrenzung der eigenen Gruppe von fremden Gruppen bis hin zu den verschiedenen Formen von Rassismus. Die Unterscheidungsmerkmale sind weniger in den genetischen Unterschieden zu verorten als vielmehr in kulturellen Identifikationsmarkern. Zunächst werde ich zeigen, dass wir Natur und Kultur viel enger zusammendenken und wir den Prozess der Aneignung von Kultur zusammen mit den Genen betrachten müssen. Dieser Schritt ermöglicht, Rassismus als ein universelle Merkmal des menschlichen Verhaltensrepertoire zu identifizieren und erst so können wir Lösungen für das Problem aufzuzeigen.

Rassismus historisch

Rassismus wird heute überwiegend als neuzeitliche Erscheinung gedeutet, da er Wissens über die Biologie der Vererbung vorauszusetzten scheint und dieses Wissen wird eng mit der Evolutionstheorie nach Charles Darwin assoziiert. Anders lautende Meinungen, die „unbotmäßigen Schulen" (der Geisteswissenschaften), seien diejenigen, die behaupten, der Begriff „biete etwas, was für das Verständnis früherer Zeiten und anderer Kulturen von Nutzen sei" (Nirenberg 2023, S. 9). Aber biologisches Wissen haben alle Gesellschaften, die Vieh züchten. Dafür bedarf es keines Darwinismus. Und außerdem bleibt auch der stärkste vorgebliche Rassismus kulturell (Nirenberg 2023, S. 11). Das Wort „Raza", abgeleitet wohl aus der Pferdezucht, wird vermutlich erstmals etwa 1400 in Kastilien als erbliches Stigma auf die Nachfahren von Bürgern angewendet, die vom Judentum zum Christentum konvertierten (ebenda S.14). Rasse wird dabei mit der „Reinheit des Blutes" assoziiert, wobei das jüdische und später auch muslimische „Blut" weniger wert sei, als das christliche. Noch bevor der Begriff als Wort schriftlich erkennbar wird, werden unter den muslimischen Almohaden im Nordafrika (1130-1269) Juden zwangskonvertiert und noch ihre Nachfahren werden diskriminiert –sogar der gemeinste Muslim würde keine Ehe mit Jemanden aus solch einer Abstammungslinie eingehen (Nirenberg 2023, S. 30). Aber natürlich ist Rassismus noch viel älter, auch wenn er vielleicht so noch nicht genannt wird: Spätestens mit der Entwicklung der Landwirtschaft erkennt die Menschheit, dass die Reproduktion sowohl zu Gleichheit wie auch zu Verschiedenheit führt und somit günstige oder weniger günstige Eigenschaften vererbbar sind.

Im Alte Testament finden wir das Denken in Stämmen, das biologisch, nämlich auf Abstammung begründet wird. Eine erste systematische Klassifizierung von Menschen aufgrund ihrer Herkunft finden wir bei Aristoteles. Er leitet aus den unterschiedlichen klimatischen Verhältnissen ab, dass anderen Völker („Barbaren") in charakterlicher und kultureller Hinsicht den Griechen unterlegen seien (wikipedia 11). In arabischen Quellen ab dem 10. Jahrhundert findet sich dann auch schon der mit dem Klima eng verbundenen hautfarbenen Rassismus, bei dem die zwei minderwertigen Rassen der Weißen (hier Europäer Türken und Ostasiaten) und der Schwarzen (Afrikaner und Inder) aus „klimatischen Extremzonen" der höherwertigen Rasse der Hellbraunen respektive Roten – jener der Araber – aus der „mittleren" Klimazone (tatsächlich Subtropen) gegenüberstehen (wikipedia 11). Immanuel Kant schreibt dann: „Die Menschheit ist in ihrer größten Vollkommenheit in der Rasse der Weißen. Die gelben Indianer haben schon ein geringeres Talent. Die Neger sind weit tiefer, und am tiefsten steht ein Teil der amerikanischen Völkerschaften." (Lieder 2021).

Rassismus biologisch

Das Denken in ethnischen Volksgruppen mit begleitender Herabsetzungen anderer Ethnien finden wir vermutlich schon in den Anfängen der Menschwerdung. Auch gerade deswegen ist – wenn wir über „Rassismus" reden, die Evolution des Menschen auf der Grundlage der Evolutionstheorie nach Darwin ein guter Startpunkt. Und es gilt natürlich auch: „Rasse" ist ein Begriff aus der Biologie.
Die Evolutionstheorie musste, historisch betrachtet, für so mache krude Rassentheorie herhalten. Nicht zuletzt der englischer Philosoph und Soziologe Herbert

Spencer wandte die Evolutionstheorie auf die gesellschaftliche Entwicklung an und begründete damit den Sozialdarwinismus mit dem Schlachtruf vom „Überleben des Stärkeren" (Survival of the Fittest). Für Spencer übersteigen die mentalen Prozesse indigener Ethnien aus Jäger und Sammlerkulturen niemals die Ebene der bloßen Sinnesempfindung. In diesem Sinne sind diese Indigenen unbedacht, leichtgläubig, impulsiv, antisozial und unfähig zur Abstraktion. Ihr einfaches und simples Nervensystem wäre unfähig, höhere Arten der Verhaltensweisen hervorzubringen. Die primitive Mentalität bedingt ein primitives gesellschaftliches Leben, welches wiederum eine vererbbare primitive Mentalität begründet (Pöhl 2018, 175 f.)

Heute wissen wir, dass es biologisch betrachtet keine scharf abzugrenzenden menschlichen „Rassen" gibt. Die Idee der Einteilung der Art Home sapiens in verschiedene Unterarten (=Rassen) ist aus biologischer Sicht nicht zu begründen. Spätestens die Sequenzdaten des Human-Genom-Projekts (1990-2003) zeigten, *dass die genetischen Unterschiede innerhalb einer Population weit größer sind als die Unterschiede zwischen Populationen. Daher ist der Rasse-Begriff für den Menschen völlig sinnlos* (Schubert 2021). Nur höchstens 10 % der genetischen Verschiedenheiten tragen zu den Unterschieden zwischen den geographischen Gruppen bei, dabei gilt: *Zwischen den geographischen Populationen gibt es weder größeren Diskontinuitäten noch durchgehenden scharfen Grenzen* (Kattmann 2004). Die Masse der einigermaßen häufigen, weltweit existierenden genetischen Unterschiede finden wir bereits in einer regionalen Population wie z.B. in der Stadt Berlin (Krauß 2021, S. 93).

Unterschiede treten vor allem in den kleinsten Einheiten unseres Genoms, den Allelen auf (Gene codieren u.a. die Baupläne für Proteine im Körper. Ein

Allel (aus dem Griechischen „allos" für „andere"), entspricht einer bestimmten DNA Sequenz eines Gens an einem bestimmten Ort im Genom.) Es sind diese Genvarianten, die über die Ausprägung eines Merkmals bestimmen. Zum Beispiel gibt es bei Erbsenpflanzen je ein verschiedenes Allele für die Ausprägung der Blütenfarbe weiß oder violett. Bei Menschen kann das Merkmal die Augen- oder Haarfarbe sein. Ein neues Allel entsteht i.d.R. durch Mutation eines vorhandenen Allels. Drei Viertel der menschlichen Gene sind bei allen Menschen gleich. Darüber hinaus bildet jeder einzelne von uns auf Grund von Mutationen in unseren Genen um die 100 bis 150 seltene Varianten von Proteinen aus, die uns dann von den meisten anderen Menschen unterscheiden (Kattmann 2004).

Wir überbewerten sichtbare Unterschiede, die uns auch nicht wirklich etwas über die tatsächlichen genetische Differenzen sagen können. So ist die genetische Verschiedenheit zwischen den west- und zentralafrikanischen Unterarten der Schimpansen (Pan troglodytes) fast 10 Mal so groß wie zwischen z.B. Afrikanern und Europäern, ohne dass man diese Schimpansenpopulationen an Hand ihres Körperbaus deutlich unterscheiden könnte. Und so gibt es auch keine scharfe Grenze zwischen „schwarzen" und „weißen" Menschen, die sich über genetische Studien belegen lassen würde. Vielmehr wurden mit der *wissenschaftlichen Erforschung der genetischen Vielfalt der Menschen die Rassenkonzepte endgültig als typologische Konstrukte entlarvt* (Fischer et al. 2019). Und so argumentiert Veiko Krauß aus biologischer Sicht: *Der entscheidende Beleg für das Fehlen von Rassen beim Menschen ist, dass es keine objektiv anwendbare Technik der Rassenbestimmun gibt* (Krauß 2021, S. 193).

Rassisten haben mit der Idee der Unveränderlichkeit mentaler, physischer sowie moralischer Qualitäten unrecht: Ein Kind aus einer indigenen Umgebung früh aus seinem Elternhaus genommen und in ein Industrieland bei liebevollen Eltern aufgewachsen, unterscheidet sich im Erwachsenenalter nicht oder kaum von einem Kind, das in einem Industrieland geboren und aufgewachsen ist. Die Variation der Begabungen in einer Bevölkerungsgemeinschaft ist größer als die Variation der Begabungen zwischen verschiedenen Bevölkerungsgemeinschaften. Und daher kann auch jeder Mensch auf Erden, egal welcher Gemeinschaft oder welchem Geschlecht er angehört, prinzipiell jede berufliche Erfolgsleiter erklimmen. Auch wenn „Rasse" – bezogen auf uns Menschen – kein naturwissenschaftliches Konzept ist, müssen wir uns gleichwohl mit ihm im alltäglichen und wissenschaftlichen Diskurs ernsthaft auseinandersetzen. *Schlechte Ideen besiegt man, indem man sie entlarvt, durch Argumente und Überzeugungsarbeit, nicht durch den Versuch, sie zu verschweigen oder von sich zu weisen (*Ackerman & 151 andere 2020). Denn fataler Weise ging die Idee der Existenz menschlicher Rassen mit einer Bewertung einher, aus der heraus aufgrund der Hautfarbe, Augen- oder Schädelform man Verfolgung, Versklavung und Ermordung von Abermillionen von Menschen rechtfertigte und auch heute noch deren Diskriminierung begründet.

Unbestreitbar zeigen sich die schrecklichen Auswirkungen des Rassismus nicht nur während der Kolonialzeit oder im Dritten Reich sonder auch z.B. in den Rassengesetzen der USA bis weit in die 60er Jahre des 20. Jahrhunderts hinein, oder während der Apartheid in Südafrika bis zu ihrem offiziellen Ende 1994. Leider setzt sich Diskriminierung bis heute fort. Aber die Einteilung von Menschen in Rassen ist *zuerst eine gesellschaftliche und politische Typenbildung, gefolgt und unterstützt durch eine anthropologische Konstruktion auf der Grundlage willkürlich gewählter Eigenschaften wie Haar- und Hautfarbe* (Fischer et al.

2019). Das Konzept verschiedener menschlicher Rassen ist das Ergebnis von Rassismus und nicht dessen Voraussetzung. Und daher müssen wir uns fragen, was die Voraussetzungen für diese Konzepte sind, aufgrund derer Menschen sich gegenseitig verachten und erniedrigen. Kennen wir die Gründe, können wir dagegen angehen.

Begriffliche Eingrenzung

Da Rassismus ein heikles Thema ist, zunächst noch ein paar weiterer Erläuterungen: Rassismus leitet sich von Rasse ab. Rasse ist ein Begriff aus der Biologie und er teilt Individuen anhand der Nähe ihrer morphologischen (oder heute genetischen) Verwandtschaft in Gruppen ein. Seit dem 20. Jahrhundert wird der Begriff nur noch *für subspezifische Gruppen unterhalb der Ebene der Art verwendet und ist damit synonym zum Begriff der Unterart* (wikipedia 01).

Das eigentliche Konzept von Arterhaltung und Abgrenzung wäre weit zurück in der menschlichen Entwicklung zu suchen. Eine These dieses Buches lautet: Von unserer Veranlagung her sind wir alle Rassisten, solange wir uns einer Gemeinschaft zugehörig fühlen und wir diese Gemeinschaft von anderen Gemeinschaften unterscheiden. Ich werde Rassismus als eine Form der Gruppenzugehörigkeit in Abgrenzung zu anderen Gruppen beschrieben. Dabei geht es um das grundsätzliche Thema der Evolution: Aus evolutionärer Sicht muss stets gewährleistet sein, dass Gene (und wie ich zeigen werde: „gruppenspezifischen Kulturbausteine" sicher und unverändert an die Nachkommen weiter geben werden. Aber auch wenn, es bezogen auf Menschen, wenig Sinn macht, von verschiedenen „Arten" bzw. „Unterarten" zu reden, ist die Gefahr von Aufspaltungen, die sich genetisch begründen ließen, nicht ganz abwegig: Biologen reden, bezogen auf das Tierreich, von der „Aufspaltung in verschiedene Arten, wenn der genetische Austausch zwischen zwei Populationen zum Erliegen kommt. Der Begriff „Population" meint dabei die Gesamtheit aller Individuen derselben Art. Fataler Weise finden wir in den menschlichen Kulturen erschreckend häufig Anklänge an das Versiegen des genetischen Austausches: Der Adel pflegte und pflegt bis heute standesgemäß zu heiraten, und versuchte, sein „blaues Blut" rein zu halten. In Indien heiratet man innerhalb seiner eigenen Kaste und ganz allgemein heiratet man in der westlichen Welt in derselben sozialen Schicht. Menschen mit konträren Weltanschauungen ziehen selten gemeinsam Kinder auf.

Uns Menschen trennen dabei weniger unsere genetische Ausstattung, als vielmehr unsere „Kultur-Gene", also die Bausteine, aus denen sich unsere Kultur zusammensetzt. Gemeint mit Kulturbausteinen sind nicht die materiellen Dinge die wir herstellen, sondern das Wissen drüber, wie wir sie herstellen. Es geht um die Informationen, auf denen unsere Kultur beruht und die in unserem Gehirn (oder in Büchern, Bildern und Festplatten) gespeichert sind. Seit Richard Dawkins Buch über die „ die egoistischen Gene" bezeichnen wir sie als „Meme". Ich werde sie hier später in Abgrenzung zur Theorie der Meme: „Softgene" nennen.

Glaubensinhalte oder andere kulturelle Merkmale werden im Allgemeinen ebenso wie das genetische Merkmal „Hautfarbe" vererbt; bezüglich der Vererbung gibt es eine offensichtliche Ähnlichkeit zwischen Kulturbausteinen und Genen. Und nicht nur die Religionszugehörigkeit, auch hoher sozialer Status oder Armut wird – nicht nur in Deutschland – an die Kinder weitergegeben. Wir finden die Vererbung der Stellung innerhalb einer Rangordnung bereits im Tierreich, z.B.

bei Tüpfelhyänen (Blawat 2021). Und auch schon im republikanischen Rom *wurde nicht nur das Vermögen, sondern auch soziales Ansehen und selbst das Kapital politischer Freundschaften von Generation zu Generation weitergereicht* (Sommer 2022, S. 41).
Einer der größten und gefährlichsten heutigen Konflikte besteht nicht zwischen Menschen verschiedener Hautfarben. Es ist der wenig beachtete Kampf zwischen politischen Eliten, den Intellektuellen und den Wohlhabenden auf der einen Seite und dem, was Populisten das „Volk" nennen. Dieser Konflikt hat das Potential, die Werte des demokratischen Westen zu diskreditieren mit unabsehbaren Folgen für die Welt. Durchaus polemisch gemeint geht es in diesem Buch daher auch um den Homo intellegens, der sich durch Weltbild und Lebensstil deutlich von der eher weniger gebildeten Bevölkerung abhebt, aber seine eigene Anfälligkeit für Arroganz und Abgrenzung nur selten in den Blick nimmt. Dem gegenüber stehen diejenigen, die in Reaktion darauf bereitwillig demagogischen Einflüsterungen erliegen.
Das Anliegen dieses Buches sei an dieser Stelle noch einmal klar herausgestellt: Dieser Text will einen Beitrag dazu leisten, zu Rassismus führende Wirkmechanismen zu entlarven und als Strategien für den Menschen unnötig zu machen. Wir alle auf der Welt haben dieselben Urmütter und diese stammten aus Afrika. Das lässt keinen Platz für Überheblichkeiten oder Minderwertigkeiten, bezogen auf einzelne Volksgruppen. Wir müssen klären, aus welchen Gründen Menschen andere Menschen trotzdem wegen ihrer „Andersartigkeit" ablehnen oder sogar hassen. Erst dann können wir diese Aversionen überwinden und zu einem friedlicheren Miteinander auf diesem Planeten finden.

Eine sozio(bio)logische Theorie

In den USA umfassen die Sozialwissenschaften die Anthropologie, die Soziologie, die Ökonomie und die Politischen Wissenschaften. Wenn hier im weiteren immer mal wieder auf Human- Kultur- oder Geisteswissenschaften (ohne die Mathematik mit einzuschließen) verwiesen wird, sind diese Fachrichtungen mit eingeschlossen. Die wissenschaftliche Arbeit über Rassismus ist am ehesten in den Sozialwissenschaften beheimatet. Leider neigen in den Sozialwissenschaften die Theorienbildungen dahin, den Menschen in einer von der Natur scharf abgegrenzten Sphäre anzusiedeln, wo ihn seine Kultur vom Rest des Organismenreichs abhebt.

Der Versuch, den Menschen eine herausragende Stellung einzuräumen, ist uralt und zugleich die Ursünde des Rassismus: *„Gott schuf den Menschen als sein Bild, als Bild Gottes schuf er ihn."* (1.Mose 1,27). Damit stand der Mensch über dem Tier, er solle *über die Fische im Meer und über die Vögel unter dem Himmel und über alles Getier, das auf Erden kriecht,* herrschen, (1.Mo 1,28), so der göttliche Auftrag der mosaischen Religionen. Und weil wir uns so deutlich von den Tieren abgrenzen können, gelten für Tier nicht einmal die schärfsten moralischen Gesetze wie: „Du sollst nicht töten!" Wir töten sie nicht nur, wir essen sie sogar.

Aus Sicht der Biologie allerdings hat sich der Mensch in demselben evolutionären Prozess geformt wie jedes andere Tier auch. Der evolutionäre Entwicklungsprozess lässt sich bis zu den Anfängen des Lebens zurückverfolgen. Wir sind sowohl von unserer Entwicklung her als auch durch die Umwelt, die uns umgibt, in ein großes Ganzes, in die Natur dieses Planeten eingebettet, eine Erkenntnis, die wir Charles Darwin verdanken. Diese Einbindung zwingt uns dazu, einzugestehen, dass sowohl unsere körperlichen Merkmale wie auch unsere Verhaltensweisen und damit letztendlich auch unsere Kultur der Evolution unterliegen. Es ist zu bezweifeln, ob wir valide soziologische Schlüsse ziehen können, ohne die dahinter liegende biologische Conditio humana des Menschen zu verstehen. Darüber hinaus ergeben sich durch das Zusammendenken von Natur- und Kulturwissenschaften eine Fülle von Synergien.

Einige menschliche Unterarten

Wir unterscheiden uns vom Tierreich weit weniger, als wir wahrhaben wollen. Der Menschen ist, genetisch betrachtet, keine zwei Prozent vom Schimpansen entfernt. Kein Grund also, zu meinen, wir Menschen seien zu 100 % anders.

Die Abgrenzung zum Tier ist weder einfach noch eindeutig. So scheiterte schon Platon mit seinem Versuch, den Menschen als einziges Wesen zu charakterisieren, der nackt sei und auf zwei Beinen liefe. Diogenes, Scherzkeks und Tierquäler in einem, rupfte als Antwort darauf ein Huhn bei lebendigem Leibe, ließ es laufen und feixte: das also ist Platons Mensch.

Ein Kuriosum am Rande, weil es so schön ist: Die frühen portugiesischen Seefahrer und Händler sind sich durchaus nicht sicher, wo sie die Gorillas einzuordnen haben, als sie im afrikanischen Dschungel auf diese stoßen. *Sicherheitshalber schickt man ihnen eine Delegation und bietet Geschenke an, in der Hoffnung, gewinnbringende Handelsbeziehungen knüpfen zu können (*Wunn et. al. 2015, S. 2).

Die Nähe zum Menschen zeigen Tierversuche, wenn wir sie als Modell für medizinische Anwendungen einsetzen. Das eine Abgrenzung vom Tierreich insgesamt problematisch ist, zeigt auch der aktuelle der Kulturkampf um die vegane Ernährung – mehr und mehr Menschen begreifen Tiere als Wesen mit einem Gefühlsleben ähnlich dem unseren und empfinden das Essen von Tieren fast schon als eine Art Kannibalismus.

Fest steht nach Stand der Forschung: im Menschen steckt sehr viel Tier. Die Unterschiede zwischen Mensch und Tier sind deutlich kleiner, als die

Gemeinsamkeiten. Aber leider gilt ganz allgemein: so klein die Unterschiede auf Grund bestimmter Merkmale auch sein mögen, immer findet sich ein Mechanismus der Abgrenzung und Abneigung zwischen verschiedenen Arten, Rassen oder welche Gruppierungen man auch immer in den Blick nimmt. Und leider teilen wir auch den Hang zu „Rassismus" durchaus schon mit Walen, Papageien und anderen Spezies.

Die Gattung Homo

Schon die biologische Artengrenzen zu definieren ist alles andere als trivial. Dies gilt in Bezug darauf, welche Arten sich wie nahe stehen und auch, wo genau die Artengrenze gezogen werden kann. In der Systematik der Biologie umfasst der sogenannte Stamm der Chordatiere (Rückensaitentiere) u.a. den Unterstamm der Mammalia, also der Säugetiere, zu denen auch der Mensch gehört. Als die nächst feinere Unterteilung folgt die Ordnung der Primaten, noch eingegrenzter die Familie der Menschenaffen, in der wir die Gattung „Homo" finden. Der Mensch selbst trägt den Artnamen „Homo sapiens". DNA-Analysen ergeben, dass es sinnvoll wäre, uns zusammen mit den Bonobos, Schimpansen und Gorillas in die Familie der Hominiden (Menschenartigen) zusammenzufassen, in Abgrenzung zur Familie der Pongiden, der unsere etwas weiter entfernten asiatischen Vettern, die Orang-Utans, angehören (Schmidt-Salomon 2001).
Die Vorläufer des Homo sapiens *verblüffen durch ihre Uneinheitlichkeit und lassen den herkömmlichen Artbegriff verschwimmen (*Ewe 2021, S. 66).
Traditionell besteht die Gattung Homo nur aus dem heute lebenden Homo sapiens (Menschen) und seinen ausgestorbenen Vorfahren (wikipedia 02). *Als ein wichtiges gemeinsames Merkmal (Synapomorphie)*

*aller Arten der Gattung Homo gilt die Zahl der Höcker (Tubercula) auf den hinteren Backenzähnen (Molaren): bei Homo sind es sechs oder sieben Höcker, bei den Australopithecinen waren es weniger (*wikipedia 03).
Interessanter Weise erfolgt die Abgrenzung zu verwandten Arten auch kulturell: *Häufig wird der Gebrauch von bearbeiteten Steinwerkzeugen (Geröllgeräte) als Kriterium genannt (*wikipedia 03).
Es ist nahezu ein Mantra der Paläoanthropologen: „eine Art – eine Technologie" (one species – one technology).
Anthropologisch betrachtet gab es wohl mindestens drei bis sieben weitere Arten der Gattung Homo. Der „moderne" Mensch, der den Artnamen „sapiens" trägt, entsteht vor vielleicht 300.000 Jahren. Daneben existierten mindestens noch: vor 130.000 (ältester Fund) bis rund 30.000 Jahren (jüngster Fund) der H. neanderthalensis. Vor 40.000 Jahren gibt es den Denisova-Menschen und vor 18.000 Jahren den H. floresiensis. Diese Hominiden haben dieselbe Abstammung wie wir Menschen, sind aber von uns durch einen deutlichen morphologischen bzw. genetischen Abstand getrennt. Dabei hat uns die Erforschung des Erbguts von Mensch und Neandertaler einen unerwarteten Einblick in unser Geschlechtsleben ermöglicht.

Genetische Einfalt

H. sapiens hat den H. neanderthalensis möglicher Weise nicht nur verdrängt, sondern gelegentlich auch geliebt. In unserem Erbgut finden wir Gene, die dem Neandertaler zugeschrieben werden (Osterkamp 2015). Ähnliches lässt sich auch für den Denisova-Menschen sagen: Je nach Weltgegend besitzt der H. sapiens unterschiedlich viele Gene von diesen zwei anderen Arten. Darüber hinaus finden sich auch noch Spuren

von weiteren Vertreter der Gattung Homo im menschlichen Erbgut.
Entgegen der Angst der politischen Rechten ist eine Durchmischung des menschlichen Genpools – Vielfalt – von großem Vorteil. Je breiter der Genpool einer Population gestreut, je größer die Variationsbreite ist, desto stabiler ist die Population. Denn dann kann jedes Individuum seine speziellen vorteilhaften Gene beisteuern. Der Neandertaler hatte gegenüber dem H. sapiens eine geringe genetische Vielfalt und das könnte durchaus zu seinem Aussterben mit beigetragen haben. Mit seinem größeren genetischen Potential konnte sich der H. sapiens wahrscheinlich besser an verändernde Umweltbedingungen anpassen.
Möglicherweise ist die eine Art (sapiens) schuld am Untergang der anderen Art (neanderthalensis). Fest steht aber, dass sich das Erbgut der beiden Arten vermischt und die Nachkommen dieser Mischlinge erfolgreich waren im Sinne der Evolution, da die meisten von uns von solchen Mischlingen abstammen. Zum Beispiel sorgt ein vom Neandertaler übernommenes Gen für eine Schwangerschaft mit weniger Komplikationen (Dönges 2020). Auch übernimmt H. sapiens wohl an die 18 nützliche Gene für die Anpassung an die UV-Strahlungsverhältnisse in nördlichen Breiten vom H. neanderthalensis (Qiliang Ding et al. 2014). Sie lassen sich bei bis zu 49 Prozent der Japaner und bis zu 66 Prozent aller Südchinesen nachweisen. Und wir haben nicht nur Neandertaler-Gene und welche vom Denisova-Menschen in unserem Genom. In Afrika lässt sich noch mindestens ein weiterer Vertreter der Art Homo in den Genen heutiger Einwohner nachweisen. Insgesamt ist die Datenlage noch unübersichtlich und es mögen noch mehr verschiedene Vertreter der Gattung Homo zum Genpool des modernen Menschen beigetragen haben. Aber das können wir sagen: Die erfolgreichen Vertreter

des H. sapiens, deren Nachfahren wir sind, waren nicht „reinrassig"!
Die Balkanroute ist seit Jahrtausenden einer der Hauptwander- und Fluchtwege von Menschen. Die daraus resultierenden Durchmischungen sind *seit jeher die Kraftwerke im europäischen (und weltweiten) Genpool. Sie erschaffen und stabilisieren erst die Diversität, auf die Europa so stolz ist (*Braslavsky 2018). In den ersten Jahren nach dem zweiten Weltkrieg strömen aus den abgetrennten deutschen Ostgebieten bis zu 14 Mio. Flüchtlinge in das verbliebene Deutschland, die man als Polacken und Rucksackdeutsche diffamiert. In den Folgejahren erlebte Deutschland dann ein Wirtschaftswunder. Wir sind alle irgendwie Geflüchtete und niemand, der nach Europa kommt, ist wirklich fremd, sondern nur neu hier. Das wir dieses nicht unbedingt bemerken, liegt in der wirkmächtigsten Technologie der Natur begründet, die da lautet: Anpassung. Das Beste aus dem gesamten Genpool wird übernommen und demokratisiert. Aus diesem Grund erscheint die Ablehnung von Zuwanderung und die eingeschränkte Durchmischung unterschiedlicher Ethnien nicht nur moralisch zweifelhaft. Sie stellt sich auch biologisch als kontraproduktiv heraus. Entgegen dem Gedankengut der Nazis erhöht nicht die Erhaltung der „reinen" Rasse die Fitness einer Bevölkerung, das Gegenteil ist der Fall.

Klassische Artenbildung

Ernst Walter Mayr definiert Arten wie folgt: *Arten sind Gruppen von Individuen (Populationen), die fähig sind, fortpflanzungsfähige Nachkommen zu erzeugen und die von anderen Fortpflanzungsgemeinschaften reproduktiv isoliert sind (*Mayr 1988).

Der allgemein unter Biologen anerkannte Weg in eine neue Art führt über die räumliche Isolation, allopatrische Artenbildung genannt. Zufällige Mutationen im Erbgut ergeben eine sogenannte Gendrift, also eine allmähliche Veränderung der Gene, die den Genpool getrennt lebender Populationen allmählich unterschiedlich verändert. Irgendwann wird der Unterschied so groß, dass zwischen den Populationen keine fruchtbaren Nachkommen mehr gezeugt werden können. Die zentrale biologische Ursache für das Entstehen neuer Arten ist dann, dass die die mütterlichen Genvarianten der einen Art nicht mehr korrekt zu den Genvarianten passen, die von der väterlichen Seite der anderen Art bei der Zeugung beigesteuert werden. Dazu zwei Beispiele: Darwin beobachtet auf den Galapagos-Inseln an den nach ihm benannten Finken, dass sich dort aus einer einzigen Stammlinie heraus verschiedene neue Arten entwickelt haben. Sie leben getrennt auf unterschiedlichen Inseln, sind an unterschiedliche ökologische Nischen angepasst und abgrenzbar durch ihre unterschiedlichen Schnabelformen.

Physische Barrieren wie Gebirge, Wüsten oder eben auch Meere führen dazu, dass eine Spezies eigene genetische Wege der Anpassung geht, bis sich eine eigene Art herausgebildet hat, die mit ähnlichen Spezies kein sexuelles Interesse mehr teilt. Australien hat sich vor vielleicht 95 Mio. Jahren zusammen mit der Antarktis vom Rest der Kontinente entfernt. Dieselben Arten auf dem Rest von Gondwana (= ein erdgeschichtlicher Großkontinent, der über fast das gesamte Phanerozoikum (ca. 541 Millionen Jahre bis ca. 252 Millionen Jahre vor heute) die südliche Hemisphäre dominierte.) und auf Australien/Antarktis gingen von da ab weitgehend unterschiedliche Wege der Anpassung. Heute ist Australien von Pflanzen und Tieren bevölkert, die sich deutlich von den Spezies anderer Weltgegenden unterscheiden.

H. sapiens und H. neanderthalensis werden von den Anthropologen als unterschiedliche Arten angesehen. Beide Arten sind aber nach den Erkenntnissen der Genetiker nicht reproduktiv isoliert voneinander. Das zeigt, dass das Konzept von Mayr, Fortpflanzungsgemeinschaften als Artengrenze zu definieren, nicht unbedingt durchzuhalten ist. Die genetischen Unterscheidungsmerkmale sind aber so deutlich und der Neandertaler unterscheidet sich morphologisch so unverwechselbar vom H. sapiens, dass die Anthropologen heute allgemein von zwei unterschiedlichen Spezies von Hominiden ausgehen. Nach dem britischen Paläoanthropologen Chris Stringer sind alle Art-Konzepte von Menschen erdachte Annäherungen an die Realität der Natur, und davon gibt es eine ganze Reihe (wikipedia 04). Zwei Ansätze von Artkonzepten spielen eine größere Rolle: das eine Konzept ist, wie von Mayr vorgeschlagen, die Fortpflanzungsgemeinschaft, das andere Konzept stellt charakteristische gemeinsame Artmerkmalen ins Zentrum. Hier spielt vor allem das Aussehen und heute, wegen der neuen Möglichkeiten der Genanalyse, vor allem die genetische Ausstattung eine Rolle. Dieses zweite Konzept wird im Folgenden durch eine Theorie über Kulturbaustein (Mem-Theorie) erweitert, da Menschen sich heute weniger durch chemisch codierten Gene als durch die kulturell codierten „Meme" unterscheiden.

Artenbildung durch Anpassung

Es gibt durchaus Ausnahmen von der Regel, dass Populationen räumlich getrennt leben müssen, um sich zu unterschiedlichen Arten auseinander zu entwickeln. Im Viktoria-, Malawi- und Tanganjika-See in Ostafrika entstanden zum Teil erst innerhalb der letzten 200.000 Jahren unterschiedliche Arten von Buntbarschen

(Cichliden) nebeneinander. Es sind alles Endemiten, also Arten, die nur in dem jeweiligen See vorkommen, im Malawisee allein an die 1.000 verschiedene Arten. Dieselbe Art an ein und demselben Ort passt sich in ihrem Erscheinungsbild unterschiedlich an. Sie erschließt für sich spezielle Futterquellen mit einem, mitunter sehr engen Nahrungsspektrum. Einige Arten werden Spezialisten in der Brandungszone, wo sie Algen von den Felsen abweiden, andere spezialisieren sich mit Hilfe ihres Gebisses auf besonders harte Beute wie Schnecken. Auf diese Weise können hunderte von verschiedenen Arten nebeneinander leben, ohne direkt miteinander um Nahrungsressourcen zu konkurrieren. Wichtig in diesem Zusammenhang ist die sogenannte „assortative Paarung", die wir später dann bei uns Menschen wiederfinden: Individuen bevorzugen Paarungspartner, die ihnen „ähnlich" sind, also z.B. dieselbe ökologische Nische bevorzugen, ein sehr spezifisches Aussehen haben oder ein bevorzugtes Paarungsverhalten zeigen. Die Assortative Paarung scheint ein Grundkonzept zu sein: Geschlechtspartner aus den beiden Fruchtfliegen-Arten D. melanogaster und D. simulans paaren sich nicht mehr natürlich, *weil sich ihr Paarungsverhalten deutlich unterscheidet*, obwohl eine Paarung unter Laborbedingungen noch gelingt (Krauß 2021, S. 25). Diese Formen der adaptiven Artenbildung können viel schneller fortschreiten, als die allopatrischen, also die Artenbildung durch räumliche Trennung (Tautz 2021, S. 17).
Ein Beispiel dafür sind die Darwinfinken auf den Galapagosinseln. Aus einigen wenigen Finken, die einst vom südamerikanischen Festland auf die Inseln gelangten, haben sich im Laufe der Zeit mehr als zehn verschiedene Arten entwickelt - alle mit Schnäbeln, die perfekt an ihre Umgebung und ihr Nahrungsangebot angepasst sind. Wo Nüsse und Samen die Hauptnahrung sind, entwickeln die Finken große,

kräftige Schnäbel zum Knacken der harten Schalen. Wo die Finken viele Insekten finden, entwickeln sie nach und nach lange, dünne Schnäbel. Schließlich unterscheiden sich die verschiedenen Inselpopulationen sowohl optisch als auch genetisch so stark voneinander, dass sie zu eigenständigen Arten geworden sind. Es stellt sich die Frage, warum sich die verschiedenen Finkenpopulationen auf einer Insel nicht immer wieder gekreuzt haben. Ein Grund, so vermuten die Forscher - und belegen dies mit Experimenten - könnte sein, dass unterschiedliche Schnäbel unterschiedliche Gesänge erzeugen. So wie sich eine Geige von einer Bratsche im Klang unterscheidet. Irgendwann sind die Werbe- und Paarungsrufe so unterschiedlich im Klang, dass die Weibchen nur noch mit Gesängen von großen, kräftigen oder dünnen, langen Schnäbeln angelockt werden können. In der Folge kommt es seltener zur Paarung, was wiederum die genetische Trennung der beiden Gruppen begünstigt (Manz 2024). Der Gesang hat so mindestens die Artenbildung befördert.

Die Buntbarschen-Arten im Malawisee unterscheiden sich in der Form ihrer Kiefer- und Maulapparate, *was – ähnlich den Darwin-Finken – die Spezialisierung auf unterschiedliche Nahrungsweisen widerspiegelt (*Salzburger 2012). Sie unterscheiden sich aber auch in ihrer Farbgestaltung. Es sind vor allem die Männchen, die besonders farblich auffallen und das lässt uns darauf schließen, dass eine Selektion durch die Partnerwahl im Spiel ist, die hier mit der assortativen Artenbildung einhergeht: Weibchen wählen ihre Partner auf Basis der Farbmuster aus. Ihre Auswahl ist die treibende Kraft für die Artenbildung. *Im Gegensatz zu den Männchen, die es mit der Wahl einer Partnerin oft nicht so genau nehmen, sind die Weibchen sehr wählerisch – sowohl das Verhalten des Partners als auch sein Aussehen müssen stimmen. [...]. Eine falsche Farbe kann für ein Weibchen ein ernstliches Paarungshindernis bedeuten (*Meyer & Stiassny 1999).

Neben der geographischen Abgeschiedenheit kann also auch diese assortativen bzw. sexuelle Selektion eine treibende Kraft bei der Artenbildung sein. Wir werden uns dieses Konzept im Rahmen einer näheren Betrachtung der Evolutionsmechanismen noch ansehen.

Schnelle Evolution

Hier noch schnell eine kleine Nebenbemerkung bezüglicher der Geschwindigkeit, in der Evolution ablaufen kann: entgegen der Meinung Darwins: *Wir sehen nichts von diesen langsam fortschreitenden Veränderungen, bis die Hand der Zeit auf eine abgelaufene Weltperiode hindeutet*, muss eine Veränderung durch die Evolution durchaus nicht lange dauern! (Losos 2018, S. 127). Einen Hinweis darauf geben uns die Buntbarsche im Malawi-See: *Nach neuesten Erkenntnissen lag der Südteil des Malawi-Sees sogar erst vor zweihundert Jahren trocken. Trotzdem beherbergt er heute eine Fülle von Cichliden-Arten und – Farbmorphen, die nirgends sonst vorkommen (*Meyer & Stiassny 1999). Die Anpassung von Krankheitskeimen an z.B. Penizillin und die Züchtung von Nutztieren sind weitere Hinweise. Penicillin wird das erste Mal im zweiten Weltkrieg in größerem Maßstab gegen das Bakterium Staphylokokkus eingesetzt. Es dauert nur rund 10 Jahre, bis sich diese Art Bakterien so verändert hat, dass sie resistent gegen das Medikament wird.
Ein besonders schönes Beispiel einer schnellen Evolution sind die U-Bahn-Mücken der Art (Culex pipiens molestus). Sie unterscheidet sich genetisch deutlich von der nah verwandten, oberirdisch lebenden Art (Culex pipiens). Während die oberirdische Art Vogelblut saugt und Winterschlaf hält, fliegt die U-Bahnmücke das ganze Jahr hindurch und saugt an den reichlich vorkommenden Pendlern. Die Unterschiede

zwischen den Arten sind mittlerweile so ausgeprägt, *dass sich zwei jeweilige Exemplare nicht mehr miteinander fortpflanzen können – in der Biologie der klassische Beweis, dass eine neue Art entstanden ist (*Blage 2020). Was wir an dem Beispiel der Mücken außerdem sehen, ist, dass die menschliche Kultur genetische Veränderungen in der Tierwelt hervorruft: So hat sich aus der Kopflaus, als der Mensch anfing, Kleidung zu tragen, die menschlichen Körperläuse entwickelt: Sie leben in der Kleidung, ernähren sich aber vom menschlichen Körper.

Artenbildung durch Kultur

Als die ersten großen Walfangschiffe Anfang des 18. Jahrhunderts im Pazifik anfangen, Pottwale zu harpunieren, werden die Wale noch leichte Beute. Aber in nur wenigen Jahren fällt die Erfolgsquote der Jäger um knapp 60 Prozent, wie aus den Logbüchern der Segelschiffe hervorgeht. Offensichtlich haben die Wale nicht nur begriffen, dass sie neue Feinde bekommen haben, sie sind auch in der Lage, es ozeanweit zu vermelden und eine Fluchtstrategie zu kommunizieren: die Wale versuchen nun, gegen den Wind zu entkommen, denn die Segler sind in dieser Richtung am langsamsten. *Es muss sich um eine so genannte kulturelle Evolution gehandelt haben [...]* (Lingenhöhl 2021).

Orcas (Schwertwale) aus verschiedenen Weltgegenden verstehen sich untereinander nicht: D*ie Rufe der Meeressäuger aus dem kanadischen British Columbia unterscheiden sich von denen der neuseeländischen Tiere so stark, wie das Deutsche vom Japanischen (*Riesch 2017). Und sie unterscheiden sich deutlich voneinander durch unterschiedliche Jagdmethoden, die die Jungtiere von den älteren Tieren der Herde, meistens von der Mutter, beigebracht bekommen. Populationen vor der argentinischen Halbinsel Valdez und in antarktischen Gewässern haben sich vor allem auf Seelöwen und junge See-Elefanten als Nahrung spezialisiert. Vor der kanadischen Westküste gibt es zwei Populationen mit anderen Vorlieben: *Die „Sesshaften" gehen in Landnähe auf Fischfang, während die „Nomaden" auf hoher See größere Tiere wie Wale oder Delphine jagen (*Knauer 2004). Insgesamt gibt es in den antarktischen und subantarktischen Gewässern um die fünf verschiedene, sich geografisch überlappende Ökotypen, auf der Nordhalbkugel sind es ähnlich viele. Die Entwicklung hin zu den unterschiedlichen Populationen scheint schnell gegangen zu sein: Die Genomanalyse von fünf Orca-Ökotypen aus dem Nordpazifik und aus der Antarktis verweisen auf einen gemeinsamen Vorfahren, der vor nicht länger als 250.000 Jahren lebte.

Die Unterschiede in den Populationen sind insgesamt so groß, dass Rüdiger Riesch, Dozent für Evolutionsbiologie am Royal Holloway College der University of London zusammen mit vielen seiner Kollegen meint, *dass der Schwertwal keine homogene Art oder Spezies nach klassischer Auffassung bildet. Vielmehr scheint er sich gerade in mehrere Spezies aufzuspalten. Falls dies so weitergeht, könnten einzelne seiner Populationen allmählich zu vollständig getrennten Arten werden* (Riesch 2017). Was die Forscher daran besonders fasziniert, ist, dass die treibende Kraft dahinter nicht die genetische Ausstattung und auch nicht einen unüberwindbare räumliche Trennung stehen, sondern die unterschiedliche Kultur der Orcas diese zu trennen scheint! Den Beobachtungen der Forscher nach meiden Schwertwale der verschiedenen Populationen den sozialen Kontakt zu fremden Ökotypen und paaren sich auch nicht über die Populationsgrenze hinweg, obwohl gemeinsamer Nachwuchs durchaus möglich wäre. Wenn es so bliebe, wäre die kulturelle Grenze ähnlich wirksam wie eine geographische Barriere, und auf die Dauer würde sich die Art „Orcinus orca" entlang kultureller Unterschiede in auch genetisch verschiedene Arten aufspalten: *Kulturelle Gewohnheiten könnten eine Artneubildung begünstigen, indem sie verhindern, dass sich die Populationen vermischen* (Riesch 2017). Es handelt es sich dann um die Entstehung einer neuen Art unabhängig von äußeren Isolationseinflüssen, die Soziobiologen nennen es eine „sympatrische Artbildung". Vielleicht müssen wir verschiedene

Populationen der Orcas bereits heute als unterschiedliche Arten anzusehen, jedenfalls erfüllen sie mit *ihren Ernährungstraditionen, ihren Lautäußerungen und ihrem exklusiven Paarungsverhalten einige wesentliche äußere Voraussetzungen dafür schon jetzt (*Riesch 2017). Und das sogar zum Teil im selben Lebensraum.
Ähnliches gilt für Pottwale: auch diese Großwale pflegen jenseits der Familienverbände ein übergreifendes Beziehungsnetz aus Klans, das durch gemeinsame Dialekte aus ähnlichen Klickmustern und bestimmten Vokalisierungstypen zusammengehalten wird. Soziale Kontakte jenseits der eigenen Sprache werden kaum mehr gepflegt. Das hat eine entscheidende Auswirkungen auf den Genfluss. *Dabei überlagern sich zwei Effekte: die Anziehung von Gleichem und sozialer Konformismus.* Im Klan der Gleichgesinnten wird der bevorzugte Kommunikationsstil durch soziale Angleichung weiter verstärkt und verfeinert. Damit grenzen sich die Mitglieder immer stärker von den übrigen Artgenossen ab und bilden so ihre eigene Kommunikationskultur (Fleischer 2015).
Aus soziologischer Sicht sind die bei den Orcas und Pottwalen beobachteten Vorgänge insofern bemerkenswert, als hier die Ablehnung anderer Ethnien aus kulturellen Gründen längerfristig zu genetischen Unterschieden führt, und nicht die vorhandenen genetischen Unterschiede Ursache für Ausgrenzung und Ablehnung sind. Ursache und Wirkung bezogen auf Abgrenzung unter den Walpopulationen scheinen hier vertauscht. Das führt uns zu der Frage, inwieweit bei uns Menschen, dem Kulturtier par Exzellenz, Kultur als Barriere in Erscheinung tritt und zu Abgrenzung und letztlich zum Rassismus beiträgt.

Kulturelle Verhaltensweisen

Es sind nicht nur körperliche Merkmale, die Artgrenzen zwischen Populationen sichtbar werden lassen. Die natürlichen Auslese beschränkt sich nicht nur auf körperliche Eigenschaften sonder umfasst auch Verhaltensweisen. Das ist leicht einsehbar: Tiere haben ihren Körperbau an die Umwelt angepasst – Flossen zum Schwimmen im Meer oder Flügel zum Fliegen in der Atmosphäre. Aber immer gehörte dazu auch die nötige „Software", die Steuerung von Schwimmbewegungen und Flügelschlag. Darüber hinaus müssen sie in der Lage sein, überlebenswichtige Informationen über die Umwelt zu sammeln, zu interpretieren und in Handlungen umzusetzen, zum Beispiel für die planvolle Nahrungssuche. Neben dem genetisch gesteuerten Verhalten wird Informationsverarbeitung in einem Neuronalen Netz bei allen höheren Tiere zum Standard, um artspezifische Verhaltensmuster auszubilden. Auf dieser Basis tritt, zum Teil oder zur Gänze genetisch gesteuert, schon bei einfachen Organismen wie Insekten ein Verhalten auf, dass wir als kulturell bezeichnen können, wie wir noch sehen werden. Bei höheren Tieren tritt neben der genetischen Steuerung auch sozial erlerntes und tradiertes kulturell angelegtes Verhalten auf. Es ist z.B. eine durchaus dramatische Hürde, will man einen ausgestorbenen Vogel wie den auf der Insel Maurizius von Seefahrern 1690 ausgelöschten Dodo (*Raphus cucullatus*) zurückholen: denn neben dem überwiegend genetisch geprägten instinktiven Verhalten werden Verhaltensweisen auch von den Eltern oder von Artgenossen abgeschaut. Diese einzigartige Erfahrungswelt, die das Sozialverhalten der Dodos oder anderer ausgestorbener Tiere über Generationen prägt, können die Wissenschaftler mit genetischen Methoden kaum wieder aufleben lassen:

Niemand kann einem Dodo sagen, was es heißt, ein Dodo zu sein! (Kenneally 2023).
„Kultur" auch Tieren zuzugestehen, ist ein relativ neues Zugeständnis in der Verhaltensforschung, wird aber heute dort kaum mehr angezweifelt. Die verschiedensten Tiere, Krähen wie Krokodile, aber sogar schon Grabwespen benutzen Werkzeuge: Grabwespen der Gattung Ammophilia z.B. hämmert mit einem kleinen Steinchen den Sand um den Nesteingang fest, nachdem sie in der Grabhöhle ein Beuteinsekt nebst einem ihrer Eier abgelegt haben, und glätten so den Eingangsplatz. Auf diese Weise wollen sie verhindern, dass Grabräuber oder Konkurrenten um den Nistplatz den Eingang aufspüren (Becker 2021, S. 18f.).
Faltenwespen (Vespidae) beherrschen perfekt die Kunst der Papierherstellung und die Anfertigung der arttypischen Wabennester. Bienen sind wahre Rechenmeister, sie beherrschen die Addition und Subtraktion von Zahlen und sogar das Konzept der „Leeren Mengen", der Null. *Honigbienen haben demnach ein verblüffend menschenähnliches Verständnis von Zahlenwerten und der Null – ähnlich wie Primaten, einige Vögel und der Mensch.* (scinexx 01).
Ameisen schleppen Blätter in ihren Bau, um mit dem Laub dort einen Pilz als Nahrung anzubauen oder sie melken Läuse, die sie als Gegenleistung vor Raubinsekten schützen, sie betreiben also Landwirtschaft und Viehzucht – etwas, was dem H. sapiens erst so richtig vor 10.000 Jahren eingefallen ist. Eichhörnchen betreiben Vorratswirtschaft. Scarabaeus sacer, ein etwa 3 cm großer schwarzer Käfer formt eine Kugel aus Dung, die häufig größer als er selbst ist, die er durch die Gegend rollt und an einem ausgesuchten Platz vergräbt – lange bevor Menschen Steine nach Stonehenge wuchteten oder riesige Grabhügel aufschütteten. Schimpansen haben eine beinah

menschliche Verhaltensvielfalt, einiges davon ist aber nur in bestimmten Gruppen anzutreffen: etwa, wie man an das Innere hartschaliger Früchte herankommt, oder, wie man Termiten angelt. Die Techniken unterscheiden sich dabei zwischen den Gruppen, sie werden von einer Generation zur nächsten weitergegeben, sie sind nicht genetisch fixiert und sind auf diese Art kulturbildend (Becker 2021, S. 42).

Begriffsbestimmung Kultur

Kultur als Begriff leitet sich vom lateinischen Begriff cultura: „Anbau, Pflege, Veredelung, Verehrung" ab. Wohl kaum etwas anderes wird so exklusiv dem Menschen zugeordnet, wie seine Kultur. Dabei *verstehen unterschiedliche Disziplinen (z.B. die Anthropologie, Ethnologie, Geschichtswissenschaft, Psychologie, Soziologie, Religions- oder Erziehungswissenschaft) jeweils etwas anderes unter dem Begriff „Kultur". Zum anderen unterscheidet sich das Verständnis von „Kultur" sowohl innerhalb einzelner Disziplinen und der Kulturwissenschaften als auch in unterschiedlichen Gesellschaften und sozialen* Gruppen (Nünning 2009). Kultur ist dann beispielsweise das, was der Mensch *von sich aus verändert und hervorbringt, während der Begriff Natur dasjenige umfasst, was von selbst ist, wie es* ist (wikipedia 05). Nun sind Waben von Wespen, Kugelnester von Schwalben, Termitenhügel oder Biberdämme nicht gerade etwas, was „von selbst ist". Viele Organismen verlassen sich nicht darauf, was sie vorfinden, sondern verändern ihre Umwelt aktiv: Selbst schon *Bakterien sondern Chemikalien ab, um ihre Umwelt für sie freundlicher zu gestalten (*Christakis 2019, S. 289). Die allermeisten Vogelarten bauen für den Nachwuchs kleine behagliche Umwelten für den Nachwuchs, Termiten bauen in ihren Hügel eine

Belüftung und eine Temperaturregulierung ein, um sich vor Austrocknung und vor zu großer Hitze zu schützen. Biber bauen regelrechte Wehrburgen, die von Räubern nur schwer zu erstürmen sind. All das sind nicht etwa Anpassungen an die Umwelt, sondern die Umwelt wird an die eigenen Bedürfnisse angepasst. Das führt zu einer eleganten Definition von Kultur in einem erweiterten Sinne:

„Kultur ist die Anpassung der Umwelt zum eigenen Nutzen."

Ein Organismus passt sich an seine Umwelt an, aber andersherum formt er auch seine Umwelt gemäß seiner Bedürfnisse um. Wir Menschen haben unseren Lebensraum so weitgehend umgestaltet, dass diese umgestaltete Umwelt, unser Kulturhabitat, den Großteil unserer heutigen ökologischen Nische darstellt.
Das scheint neu auf der Welt zu sein, ist es aber genau genommen nicht: Wir können das Leben als die Reise der DNA durch die Zeit betrachten, denn jeder Körper vergeht. Das, was von unserem Körper übrig bleibt, ist, wenn es uns gelingt, den Staffelstab des Lebens weiter zu geben, nur unsere Erbinformation. Als die ersten DNA-Schnipsel auf der Erde auftauchen, ist einer der ersten Entwicklungen, dass sich die DNA in eine Hülle einschließt – so wie wir uns heute in Häusern zurückziehen. In einer Zellhülle hat sich die DNA ihre ganz eigene Umwelt geschaffen. Wir können das als die erste Kulturleistung des Lebens auf der Welt ansehen.
Die Veränderung der Umwelt muss bei einer sozial lebenden Art nicht zwangsläufig materiell sein. So benutzt der Mensch seine Sprache, um seine soziale Umwelt zu beeinflussen, zu „manipuliert" und so macht es z.B. auch schon das „dumme Huhn". Hühner verfügen über ein Lautrepertoire von ca. 24 Laute, die anscheinend bestimmte Ereignisse bezeichnen. Die

Laute *beziehen sich auf spezifische Objekte und Ereignisse, ähnlich wie menschliche Worte. Anscheinend entsteht durch den Ruf beim Empfänger ein mentales Bild des jeweiligen Objekts und löst die entsprechende Reaktion aus.* Stoßen Hähne auf Futter, reagieren sie mit einer Serie von aufgeregten *„Dockdock"-Lauten – vor allem dann, wenn sie auf ein Weibchen in der Nähe Eindruck machen wollen* (Zielinski & Smith 2015).

Diese Frage wird lang und ausdauernd gestellt: was macht uns Menschen aus? Unsere Natur oder unsere Kultur (nature vs. nurture)? – Darauf kann es nur eine Antwort geben: beides in Einheit. Sowieso sind alle Features unseres Körpers und seiner Steuerung ohne ernsthaften Zweifel von der Evolution geformt: Kopf, Arme, Beine, Magen/Darmtrakt, Herz, Lunge, Niere, Leber – kein Organ oder sonstiges Bauteil des menschlichen Körpers können wir der Kultur zuordnen – allerdings müssen wir das später noch etwas relativieren. Unser Gehirn, unser neuronales Netzwerk, ist ein typisches Primatengehirn, und allgemeiner, ein typisches Säuge- und Wirbeltiergehirn. *Einen qualitativen Unterschied gibt es da nicht* (Roth in: Piegsa 2014). Unser Verhalten, gesteuert über unsere Veranlagungen und durch individuelle Lernerfahrungen ist verknüpft mit unseren Genen, der Neurochemie, den Hormonen, unseren Sinnesreizen, der pränatalen Umgebung, den frühkindlichen Erfahrungen, dem allgemeinen Umweltdruck, unserer Erziehung und jegliche Form der darüber hinausgehenden Lebenserfahrung. Dabei besteht, wie erwähnt, unsere Umwelt zu einem großen Teil aus anderen Menschen und der von Menschen erzeugten materiellen Kultur.

Menschliche Ratio

Nun mag der große Unterschied zu den Tieren sein, dass der Mensch zu rationalem Denken fähig ist. Aber dann kommt es darauf an, was man als „rational" erachtet! Selbst in der Philosophie ist es mittlerweile salonfähig geworden, Emotionen wie Angst oder Zorn auch eine rationale Funktion zuzugestehen. Diese Gefühle können z.B. unsere Aufmerksamkeit lenken: Die Angst, die uns beschleicht, wenn eine Großkatze uns ansichtig wird, sorgt definitiv dafür, dass wir uns von nichts davon ablenken lassen, einen möglichst erfolgversprechenden Plan zu ersinnen, nicht Opfer zu werden. Sich so zu verhalten, dass man überlebt, wenigstens so lange, bis man Nachkommen gezeugt und womöglich auch großgezogen hat, entspricht der inneren Logik der Evolution. Nimmt man diese Logik als Maßstab für rationales Verhalten, dann ist das Verhalten mindestens von Tieren stets als rational anzusehen!

Dagegen ist die volle Autonomie unseres Bewusstseins oder des menschlichen Geistes, auf die sich die „Ratio" meistens bezieht, eine Illusion. Unsere praktische Vernunft ist abhängig von Gefühlen und Bewertungen, deren Ursprünge uns oft vorbewusst bleiben und wesentlich älter sind, als unser sprachlich verfasstes Bewusstsein (Roth 2001). Unser Gefühlshaushalt aus Ärger, Angst, Spannung, Vertrauen, Überraschung, Trauer, Freude oder Ekel ist über eine lange stammesgeschichtlichen Entwicklung im Menschen angelegt, in unsere Gefühle sind die Erfolge und Misserfolge aller Generationen vor uns eingeflossen. Und mit diesen Gefühlen bewerten wir unsere Erfahrungen – Erfahrungen werden grundsätzlich mit einer emotionalen Bewertung abgespeichert: „das hat mir gefallen", „das war jetzt aber blöd," usw. Ein Gedächtnis wäre – das ist der tiefere Grund dahinter – nämlich gänzlich überflüssig, wenn es nicht so wäre.

Auch schon jedes Tier muss seine Erlebnisse bewerten können, andernfalls könnte es nicht aus Erfahrung lernen. Tieren fehlt die intellektuelle Tiefe, um über das Für und Wider einer Situation zu reflektieren, es handelt vor allem „instinktiv", d.h. aus einem Gefühl heraus, ob etwas eine Belohnung verspricht oder ob etwas sich eher nachteilig entwickeln wird. Hat ein Schaf den Elektrozaun seiner Einfriedung ein paar Mal „gespürt", wird es fortan vermeiden, dem Zaun zu nah zu kommen.
Wir rauchen Zigaretten oder trinken Alkohol, obwohl wir wissen, dass beides für die Gesundheit nicht zuträglich ist. Wir verlieben uns, nicht weil wir uns das vornehmen, sondern weil uns „Amors Pfeil" getroffen hat – wir dienen denselben beiden Herren: „Lust" und „Leid", wie jedes andere Tier auch. Wir streben nach dem, was uns ein gutes Gefühl vermittelt, und meiden, was uns Unlust bereitet oder schmerzt. Wir urteilen sogar oft schon, ohne dass unsere eigenen Erfahrungen mit einfließen müssen. Wir meiden bittere Stoffe oder lieben Honig, ohne dass wir wirklich wissen, warum. Im Science-Fiktion-Universum von Star Trek gibt es zwei Charaktere, die das Problem beleuchten – auf der einen Seite der Vulkanier Spock, der scheinbar unbeeinflusst von Gefühlen rationale Entscheidungen trifft. Allerdings wäre eine Figur wie Spock überfordert, wenn sie sich zwischen Tee und Kaffee entscheiden müsste – denn dabei geht es vor allem um „Vorlieben". Ein Leben ohne Gefühle wäre ein farbloses, vor allem auch freudloses Leben. Auf der anderen Seite steht die Figur Data, die sich danach sehnt, menschliche Entscheidungen zu verstehen, was ohne die Empfindung von Gefühlen nicht geht. Data weiß offenbar um seine höchst eingeschränkte Sicht auf die Welt.
Unsere Gefühle sind für uns unverzichtbare Bestandteile unseres Verstandes und nicht etwa sein Gegenteil. Unsere Ratio ist uns beim Urteilen nur

wenig hilfreich, weil wir Urteile letztlich auf der Grundlage der gefühlsmäßigen Bewertung fällen müssen. Und diese Gefühle basieren oft auf ererbten Maßstäben, die uns helfen, den Auftrag der Evolution zu erfüllen: zu überleben, einen Lebenspartner zu finden, Nachkommen zu zeugen und diese zu unterstützen. Die Gefühle, die uns dabei am stärksten antreiben, haben auch die größte Macht über unsere Gedanken, und das ist spätestens nach der Pubertät: Sex. Denn Sex ist die Triebfeder zur Verbreitung unserer Gene und wie wir sehen werden, auch unserer „Meme".

Erhaltung des Vorhandenen

Tiere leben im Wasser, in und auf der Erde, einige können sogar fliegen. Sie ernähren sich rein vegan oder fressen ausschließlich andere Tiere. Sie tragen Fell oder Federn, oder sind in einen Chininpanzer gehüllt. Sie haben Knochen oder Gräten im Inneren, Flossen oder Beine oder Flügel, um sich fortzubewegen – alles je nachdem, welche ökologische Nische sie besetzen. Eines aber haben (fast) alle Tiere und auch die meisten Pflanzen gemeinsam: sie haben Sex. Sex ist für Organismen genügender Komplexität unverzichtbar. Alles andere ist optional. Und weil Sex so unverzichtbar ist, ist es dasjenige Feature, die am raffiniertesten von der Evolution designt wurde. Das ist leicht einzusehen: Wer die Fähigkeit, Nachwuchs hervorzubringen, nicht geerbt hat, ist aus dem evolutionären rennen ausgeschieden.

Sex ist, biologisch betrachtet, eine Art Gentechnik. Sie funktioniert in zwei Schritten: Zunächst wird das Erbgut jedes Elternteils aufgespalten, denn ein Nachkomme bekommt jeweils die Hälfte seiner Gene von der Mutter und die andere Hälfte vom Vater. Dieses Aufspleißen der Chromosomenstränge nennen die Biologen Segregation. Anschließend wird bei der Befruchtung das Erbgut wieder zusammengesetzt, es wird rekombiniert. Ein Allel entspricht dabei einer bestimmten DNA-Sequenz eines Gens an einem bestimmten Ort im Genom. Sex sorgt dafür, dass sich die Allele zweier Lebewesen bei der Nachkommenschaft neu mischen. *Das erhöht die genetische Vielfalt enorm und beschleunigt die Anpassung an neue Umwelten (*Engeln 2020).

Weil es mehr Möglichkeiten gibt, dass etwas kaputt geht, als dass etwas ganz bleibt oder gar durch eine zufällige Veränderung (Mutation) besser wird, dient Sex vor allem dazu, die DNA aktiv zu erhalten und damit die bereits vorhandene Funktionalität zu sichern. Diese Erkenntnis, dass Sex und Selektion vor allem konservativ sind, also nicht zur Verbesserung, sondern in erster Linie zur Erhaltung des Vorhandenen dienen, wird uns bei der Betrachtung der Evolution der Kultur und des Rassismus noch wertvolle Hinweise liefern. Erbschäden, also Mutationen, die zu Krankheit und Siechtum führen, treten zwangsläufig auf. Sie zu vererben wäre auf die Dauer sehr nachteilig für eine Population. Jedes neue Menschenkind trägt wahrscheinlich an die 100 neue Mutationen in seinem Genom (Krauß 2021, S. 80). Von denen dürften der überwiegende Teil neutral oder sogar schädlich sein– nur ein geringer Prozentsatz von Mutationen hat einen positiven Effekt. Bei Viren zeigte eine Untersuchung, dass die Hälfte der Mutationen zum völligen Funktionsverlust führten und nur 4 Prozent für die Reproduktion des Virus vorteilhaft waren (Krauß 2021, S. 7). Die Rekombination von Genen vermag nachteilige Mutationen im Erbgut wieder zu entfernen und so den Genpool einer Art mehr oder weniger stabil zu halten. Selektion bei sexueller Fortpflanzung ist auf die Elimination negativer Mutationen ausgerichtet, um die erworbene Funktionalität des Organismus zu erhalten und ist erst in zweiter Linie dafür zuständig, positiven Mutationen im Genpool zu verbreiten. Alles, was mit Sex zu tun hat, also Partnerwahl, Inzestvermeidung, Polygamie, Liebe, Treue, Eifersucht und Liebeskummer und was auch immer noch, sind von der Evolution lediglich zu dem Zwecke hervorgebracht worden, die Segregation und Rekombination des Erbgutes effizienter und sorgsamer zu gestalten. Mit zunehmender Komplexität der beteiligten Organismen wird aus den zunächst rein chemisch zu beschreibenden sexuellen Vorgängen ein komplexes Fortpflanzungsverhalten. Dieses stellt einen wesentlichen und den vielleicht faszinierendsten Teil der Naturgeschichte der Lebewesen dar und spielt auch beim Thema Rassismus eine zentrale Rolle. Denn ein Wesenszug von Rassisten ist, die eigene „Rasse" nicht mit Genen einer als unwürdig angesehenen Ethnie zu beflecken. Sex ist einer der prägendsten Grundlagen unseres sozialen Verhaltens. Und die Partnerwahl ist dabei die einzige Variable der sexuellen Vermehrung, die verhaltensabhängig ist.

Warum ein so aufwändiges Verhalten wie der Geschlechtsverkehr von der Natur evolviert wurde, ist, auch wenn die oben angeführte Erklärung plausibel klingt, noch nicht abschließend geklärt. Fest steht, verglichen mit der ungeschlechtlichen Form der Fortpflanzung ist Sex umständlich, zeitraubend und aufwändig. Eine klonale Reproduktion würde dagegen die Produktion von Männchen einsparen und die Partnerfindung würde wegfallen. Bakterien, sogar unsere eigenen Körperzellen und viele Tiere und Pflanzen machen es vor: Sie teilen sich, vermehren sich durch Ausläufer, oder lassen eine unbefruchtete Eizelle heranreifen, wenn sie sich vermehren wollen. Eine ungeschlechtliche Fortpflanzung (Parthenogenese) kommt in einer *erstaunlichen Bandbreite von Tiergruppen vor: von Rädertierchen und Schnecken bis hin zu Echsen und sogar einzelnen Vogelarten wie den Truthühnern (*Fischer 2015).

Es erstreckt sich in der Tierwelt zwischen Sex und keinem Sex ein breites Band, in dem viele unterschiedliche Fortpflanzungsstrategien verwirklicht sind. Aber alle höheren Säugetiere und Beuteltiere brauchen zur Arterhaltung zwingend Sex. Und selbst Bakterien, die weder regelmäßig Sex haben, noch im Zusammenhang mit ihrer Vermehrung sonst wie Erbmaterial austauschen, führen in der Praxis *nicht selten eine Rekombination ihrer DNA durch, was* *vorzugsweise mit Erbgut ihrer nahen Verwandten geschieht (*Krauß 2021, S. 46).

Mittelwertbildung

Positive Mutationen können bei sexueller Vermehrung, weil sie einen Selektionsvorteil darstellen, schnell Fuß fassen. Und sich können sich durch Sex schnell über den gesamten Genpool einer Spezies ausbreiten. So wird eine, am Anfang seltene Variante eines Gens, die ihren Träger ermöglicht, schneller ihren Fressfeinden zu entkommen, unter dem Druck der Evolution zu einer häufigen Variante. Denn es sind die Langsamen, die bevorzugt gefressen werden.

Sex wirkt sich innerhalb einer Spezies stabilisierend und vereinheitlichend aus mit einer leichten Tendenz zu höherer Fitness – Sex ist eine Art Mittelwertbildung. Wir haben dieselben Zelltypen, Organe, Wahrnehmungssinne, dieselben spezialisierten Gehirnareale und dieselben Arten von Gefühlen. Menschen kommen sogar alle mit annähernd demselben Geburtsgewicht auf die Welt: ob Brasilien, Italien oder China, gesunde wohlgenährte Frauen gebären überall auf der Welt Babys, die im Durchschnitt 3,3 Kilogramm schwer und 49,4 Zentimeter lang sind, ihre Köpfchen haben einen Umfang von 33,9 Zentimetern (Collmar 2014). Uns schlägt allen das Herz links, genetisch neigen wir zur Gleichheit – Genetik ist ein zutiefst demokratisch gesinnter Prozess.

Sex ist das vielleicht zentralste Thema der Evolution und damit auch der Kern der menschlichen Existenz und seiner Kultur. Damit ist alles rund um die Fortpflanzung auch für fast jede soziologische Betrachtungen von überragender Bedeutung. Das fängt an beim Thema Abtreibung und hört beim Zölibat auf, dazwischen finden wir fast alle großen Themen des sozialen Zusammenseins. Wie erwähnt ist die Partnerwahl das Einzige, was wir durch unser Verhalten steuern können. Und wie jede Wahl ist die Partnerwahl wertend! Wertungen beinhalten zwangsläufig auch Abwertungen von möglichen Partnern. Der Unwille oder das Unvermögen, sich mit jemanden „artfremden" zu vereinen, die reproduktive Isolation ist in der Fauna ein entscheidendes Merkmal für die Zugehörigkeit zu einer Art. Wenn wir das auf die Menschheit übertragen, landen wir unter anderem bei Rassismus. Mit Rassismus einher geht immer die Ablehnung des Anderen bei der Partnerwahl durch Abneigung oder, institutionalisiert, durch Strafandrohung und Verbote. Zu diskutieren wird sein, ob nicht gerade der Mangel an (einvernehmlichen) Sex ein wesentliches Merkmal von Rassismus darstellt – jedenfalls ist, sich zu lieben, das Gegenteil von Ablehnung.

Verwandten-Selektion

John Maynard Smith und William D. Hamilton entwickelten eine Theorie über einen besonderen Mechanismus in der Evolution, die Verwandten- oder Sippenselektion: Je näher wir mit einem Menschen verwandt sind, desto mehr Hilfe leisten wir ihm. Dieser Mechanismus der Gesamtfitness erklärt sich mathematisch aus der Menge der Gene, die wir mit Verwandten teilen. Wenn ein Mensch sein Leben opfert, aber zwei Geschwister dafür überleben, macht das für seine Gene keinen Unterschied, denn er teilt durchschnittlich die Hälfte seiner Gene mit einem Geschwister. Rettet er drei Geschwister, kommt selber aber dabei um, so ist das für seine Gene ein Gewinn. *Aus Sicht der Gesamtfitness sollte eine Person ihr Leben opfern, wenn sie dadurch mehr als zwei ihrer Kinder, vier Neffen oder acht Cousins rettet, da ein*

*Kind 50 %, ein Neffe 25 % und ein Cousin 12,5 % der Gene mit ihr gemeinsam hat (*wikipedia 06). Auch wenn diese Theorie durchaus nicht unumstritten ist, kulturell wirkt sich die Verwandtenselektion dahingehend aus, dass wir eher bereit sind, Verwandte zu unterstützen und zu fördern. Vetternwirtschaft ist ein weltweit anzutreffendes Phänomen und umgangssprachlich wissen wir: Blut ist dicker als Wasser. Und weil wir nicht nur unsere Gene, sondern auch unseren Besitz vererben, regelt das bundesdeutsche Bürgerliche Gesetzbuch den Erblass streng nach Grad der Verwandtschaft, so wie wir es nach der Verwandtenselektion voraussagen würden: Je mehr Gene die Verwandten teilen, desto mehr Erbteil erhalten sie – insbesondere erben die direkten Nachfahren.

Warum aber nicht gleich seine Verwandten heiraten und so die Zahl der eigenen Gene, die sich in der Nachkommenschaft wiederfinden, zu erhöhen? In der Tat verfielen einige Herrschaftssysteme genau dieser Idee, um ihr Herrscherblut "rein" zu halten. Die Götter gaben ein Beispiel: Zeus und Hera waren Geschwister, ebenso wie Isis und Osiris. Belege für königlichen oder dynastischen Inzest finden wir bereits in der Steinzeit (scinexx 2020). Geschwisterehen gab es im alten Persien und Ägypten, aber auch bei den Inkas in Peru und auf den polynesischen Inseln Tonga und Hawaii. Als Privileg der herrschenden Dynastien sollte der Inzest vermutlich einerseits Macht und Besitz zusammenhalten und andererseits die edlen Eigenschaften der Elite weiter veredeln, ähnlich wie bei der Zucht von Pflanzen oder Vieh.

Eine gute Idee war das allerdings nicht. Es zeigt sich, dass das in Bezug auf Erbkrankheiten schwere Nachteile mit sich bringt, die ja gerade durch die sexuelle Fortpflanzung ausgemerzt werden sollen. Inzest, also geschlechtlicher Verkehr mit nahen Verwandten lässt Fehler in der DNA akkumulieren: Die

Habsburger mögen hier als Beispiel dienen: Die Unterlippe der Habsburger wurde durch eine erblich bedingte Überentwicklung des Unterkiefers hervorgerufen, die auf die generationenlange, von Inzucht geprägte Heiratspolitik der Familie zurückging. Dieses Verhalten reduzierte über die Zeit die genetische Fitness der Habsburger bis schließlich zu Karl II-en, *der keine Kinder zeugen konnte und wegen geistiger wie körperlicher Einschränkungen praktisch nicht regierungsfähig war (*Lingenhöhl 2019).
Anders herum bringt eine breite genetische Durchmischung Vorteile, zum Beispiel bei der Abwehr von Seuchen. Denn je mehr Genvarianten in einer Bevölkerung vorhanden sind, desto wahrscheinlicher ist es, dass ein Gen dabei ist, dass für die Abwehr eines bestimmten Krankheitserregers codiert. Dieser Vorteil ist so grundlegend, dass wir unbewusst sogar das Immunsystem eines möglichen Sexualpartners erschnuppern können und die Wahl unseres Geschlechtspartners mit davon abhängig machen, wie verschieden das Immunsystem im Vergleich zum eigenen ist: *Menschen mit ähnlichem Genmuster (Haupt-Histokompatibilitäts-Komplex) und mit ähnlichem Immunsystem sind bezüglich ihres Geruchs füreinander sexuell nicht attraktiv. Durch die Anwesenheit der Pheromone scheint letztendlich ein Partner-Auswahlverfahren stattzufinden, das die genetische Variabilität und damit z.B. die Immunabwehr der Kinder erhöht (*spektrum 01). Diese Effekt ist allerdings nicht besonders stark.
Theoretische Überlegungen lassen vermuten, dass es eine optimale genetische Distanz gibt, bei der die Nachteile des Inzest und die Nachteile der Verwässerung der eigenen Gene sich die Waage halten: es scheint bei Cousins und Cousinen dritten oder vierten Grades erreicht. Im Tierreich zeigen viele Arten eine Vorliebe für die Paarung mit Cousins erstens bis dritten Grades. Bei Menschen bevorzugen Frauen den

Geruch von Männern mittleren Verwandtschaftsgrades gegenüber dem von nicht verwandten Männern. Untersuchungen von isländischen Familien der letzten 150 Jahre zeigen, dass der *höchste Reproduktionserfolg aus Verbindungen zwischen Cousins und Cousinen dritten und vierten Grades* resultiert (Sapolsky 2017, S. 440).

Sexuelle Selektion

Die Partnerwahl ist von Natur aus selektiv und urteilend. Wie das Wort „Partnerwahl" nahelegt, ist es derjenige Teil der Fortpflanzung, der aktiv durch das Verhaltensrepertoire gestaltet werden kann. Diese sexuelle Selektion erscheint in Bezug auf das Thema Rassismus nicht unerheblich, wenn nicht sogar entscheidend. Denn auch bei auch uns Menschen kann – leider – eine „falsche Farbe" ein ernstes Hindernis bei der Auswahl des Sexualpartners sein.
Das vierte Kapitel von Darwins bahnbrechendem Werk: „Über die Entstehung der Arten" mit der Überschrift: „Natürliche Zuchtwahl oder Überleben des Passendsten", fängt mit Folgendem an: *Wie wird der Kampf ums Dasein, welcher im letzten Kapitel kurz abgehandelt wurde, in Bezug auf Variation wirken? Kann das Prinzip der Auswahl für die Nachzucht, die Zuchtwahl, welche in der Hand des Menschen so viel leistet, in der Natur zur Anwendung kommen? Ich glaube, wir werden sehen, dass ihre Tätigkeit eine äußerst wirksame ist (*textlog 01). Darwin blickt dabei auf die Züchtungen des Nutzviehs, die „in der Hand des Menschen" läge. Und er vermutet, dass in der Natur die Männchen verschiedener Tierarten ihre jetzige Form nicht dadurch erreicht hätten, weil sie zum Überleben damit optimal ausgerüstet seien, vielmehr hätten sie über die sexuelle Selektion einen Vorteil über andere Männchen erlangt (Darwin 1875; 1995 S. 236). Bei

Darwin geht es dabei viel um Konkurrenz. Aber vielleicht ist die Sache wesentlich unaufgeregter und kooperativer: Trivialer Weise bezieht sich die sexuelle Selektion im Tierreich zunächst darauf, einen Sexualpartner zu finden, der derselben Art angehört. Nach Veiko Krauß dient die sexuelle Selektion dem gemeinsamen Erfolg der Befruchtung *indem sie die passenden Partner nach Artzugehörigkeit, Geschlecht und Paarungsbereitschaft auswählt (*Krauß 2021, S. 99).

Schon Weltreisenden wie Alexander von Humboldt oder Charles Darwin fällt auf, dass Vögel ein umso farbenfreudigeres Gefieder zeigen, je näher die Art am Äquator lebt. Die meisten Arten ernähren sich zum Äquator hin von Blütennektar und Früchten und diese Nahrung kommen dort in viel größerer Variation und farbenfroher vor. *In solchen Lebensräumen sei es offenbar wichtig, dass sich die Tiere klar kenntlich machen können, auch um sich von den anderen Vogelarten absetzen und sich innerhalb einer Spezies erkennen zu können (*Schlott 2022).

Die Balz eines Pfauenhahns und ihre Beantwortung durch das Weibchen würde dann lediglich dem gegenseitigen Erkennen geeigneter Paarungspartner dienen, wobei überprüft wird, ob es sich um einen Individuum derselben Art handelt, ob es dem anderen Geschlecht angehört und ob beide bereit für einen sexuellen Akt sind. Dazu müssen Verhaltensweisen und das Aussehen möglichst genau passen. Der prächtige Schwanz des Pfauenhahns würde sich dann damit erklären, dass jedes Balzverhalten als Kontaktaufnahme auf möglichst unmissverständliche Signale angewiesen ist. Mit dem Auffächern der Schwanzfedern zu einem Rad signalisiert der Pfauenhahn nicht nur seine männliche Potenz, sondern auch, dass er das Weibchen als mögliche Paarungspartnerin erkennt und ihre Signale der Paarungsbereitschaft bestätigt. Umso klarer die entsprechenden Signale gesendet und verstanden werden, umso wahrscheinlicher wird Sex stattfinden. Möglicher Weise läuft es auf Tinder auch nicht ganz anders.

Vielleicht steckt noch ein bisschen mehr dahinter: Die Sexuelle Selektion beruht auf der zwischengeschlechtlichen Partnerwahl, aber auch auf der innergeschlechtlichen Konkurrenz, wobei vor allem die Männchen konkurrieren und die Weibchen wählerisch sind. Innerartlich werden i.d.R. jene Männchen von den Weibchen bevorzugt, deren genetische Ausstattung sie z.B. als besonders resistent gegenüber Parasiten ausweist. Ein schäbiges Federkleid deutet auf Krankheiten hin. Je schöner die Federn sind, desto weniger Parasiten verbergen sich darin, sagt der weibliche Vogelinstinkt. Ein prachtvolles Gefieder dagegen ist ein Indikator für genetisch fixierte Resistenz gegen Krankheiten oder Parasitenbefall. Sein Träger weist sich damit als ein hoch attraktiver Partner für die Zeugung von Nachkommen aus. Die sexuellen Auslese wäre dann nicht so sehr die Suche nach der besten Qualität, sondern sie würde vor allem Hähne mit Entwicklungsstörungen oder schlechtem Immunsystem aussortieren (Krauß 2021, S. 152). Die Auslese würde sich dann rein konservativ auf die Erhaltung des Genpools der Population auswirken.

Die sexuelle Selektion wählt nach Merkmalen aus, die das (meist) weibliche Geschlecht derselben Spezies als anziehend empfindet und die die Bereitschaft fördern, sich mit dem Träger dieser Merkmale zu paaren. Bei den Buntbarschen kann, wie gesagt, schon eine falsche Farbe für ein Weibchen ein ernstliches Paarungshindernis bedeuten. Mit ihrer Wahl können Weibchen die Gene von Buntbarschmännchens verbreiten oder ausschließen. Die sexuelle Selektion ist weit verbreitet und verantwortlich für einige der merkwürdigsten Körperaccessoires und Verhaltensmerkmale in der Tierwelt und auch für einen beträchtlichen Teil unserer menschlichen Kultur. *Ohne die sexuelle Selektion wäre die Welt stumm und grau, bevölkert von tarnfarbenen Überlebensmaschinen, eine jede misstrauisch in ihre ökologische Nische geduckt. Es gäbe kein Gezwitscher, keine Tänze, kein Pfauenrad* (Freiermuth 2011). Und auf den Menschen bezogen gäbe es mindestens keinen Schmuck, keine Schminke, kein Parfüm, keine Schönheitsoperationen, keine Rolex-Uhren, keine Sportwagen oder andere Statussymbole.

Die Mützenrobbe (Cystophora cristata) verfügt über eine aufblasbare nasale Membrane, die sich aus einem der Nasenlöcher heraus zu einem riesigen roten Ballon ausblasen lässt. Seidenlaubenhähne (Ptilonorhynchus violaceus) säubern den Boden und errichten dort Lauben, die sie mit allerlei Buntem wie Federn, Glasscherben, Blüten, Beeren, Insekten oder Schneckenhäusern, bevorzugt in der Farbe Blau, verzieren (Guttenberger 2014). Bei den Zebrafinken sind diejenigen männlichen Vögel umso begehrter bei den Weibchen, je größer der rote Brustlatz ausfällt. Bei den Wellensittichen entscheidet die Leuchtkraft in den Federn, wer bei den Weibchen die besseren Chancen besitzt. Mindestens 160 Augen im Gefieder sind nötig, damit das Pfauenweibchen das Muster in den Schwanzfedern des Hahns anziehend findet, und das wird penibel nachgezählt (Janositz 2002).

Ein auffälliges Federnkleid ist notwendig, weil die Weibchen es honorieren, auch wenn ein buntes Gefieder bezüglich der Tarnung vor Fressfeinden nachteilig wirkt. Die Vorlieben der Weibchen beeinflussen die Entwicklung des männlichen Geschlechtes bezüglich dieser Merkmale. Kein Pfauenhahn würde mit einem derart hinderlichen Schwanzgefieder herumlaufen, wenn nicht als Belohnung der Sexualakt mit der Henne winken würde. Aber gleichzeitig werden auch bei den Weibchen gewisse Verhaltensweisen selektiert. Die Weibchen sind Gefangene ihrer eigenen Vorlieben, denn die

Auswahlkriterien zwingen dazu, sich eben dieser zu bedienen. Hennen, die sich mit unattraktiven Hähnen einlassen, bekommen unattraktive Söhne, die es schwer auf dem Balzplatz haben. Würde eine Henne sich auf einen Pfauenhahn mit kleineren Schwanzfedern einlassen, würde sie ihre Söhne dazu verdammen, kinderlos zu bleiben, da alle anderen Hennen die Hähne mit den längsten Schwanzfedern bevorzugen. Das Wichtigste, was ein Pfauenhahn erbt, ist seine Attraktivität.

Die Selektion durch die Partnerwahl der Weibchen begünstigt diejenigen Männchen, die eine zuverlässige Einschätzung erlauben. Der Schwanz des Pfaumännchens signalisiert durch Form, Größe und Farbe die Zugehörigkeit zur Art und auch die Qualität des Männchens und dieses Merkmal ist von anderen Männchen nicht zu fälschen. Mit fälschungssicheren Merkmalen kommt eine erste Art von Ehrlichkeit in die Natur.

Status

Die Entscheidung für einen Geschlechtspartner beruht auf teils uralten Kriterien, die uns weitgehend unbewusst unsere Wahl treffen lassen, mit wem wir Kinder zeugen möchten. Und diese Kriterien finden wir auf die eine oder andere Art kulturell verankert wieder, vor allem dort, wo es um den Erhalt von Status für die Nachkommenschaft geht.

Die Wahl des Sexualpartners durch Weibchen beinhaltet – wie schon angesprochen – neben der eigentlichen Auswahl auch die Konkurrenz unter Männchen. Bei Primaten sind drei Formen der weiblichen Präferenz dokumentiert: (1) Sie entscheiden sich eher für fürsorgliche Männchen, die sich um sie und den Nachwuchs kümmern, (2) sie entscheiden sich eher für fremde, nicht der Horde angehörigen

Männchen, um Inzucht zu vermeiden und (3) sie entscheiden sich eher für hochrangige Männchen, die ihr und dem Nachwuchs Schutz bieten können (Miller 2001, S. 212 f.). Dominanz im Tierreich bezieht sich i.d.R. auf Körperkraft und die Durchsetzungsfähigkeit einem Rivalen gegenüber. Diese Rivalität um Weibchen etablieren in sozial lebenden Gemeinschaften Hierarchien mit Rangfolgen mit dem dazugehörigem Status.

Bei Schimpansen (Pan troglodytes) hat Sex fast immer etwas mit Dominanz und Unterwerfung zu tun. *Hierarchie ist **das** große Thema im Leben von Schimpansenmännchen (*Safina 2022, S. 270). Interessanter Weise geht es bei Bonobos (Pan paniscus) etwas anders zu: Bei ihnen bilden Bonoboweibchen Allianzen und halten so die Aggression der Männchen unter Kontrolle. In der Rangfolge stehen – im Gegensatz zu den Schimpansen – bei Bonobos die Weibchen ganz oben. Schimpansenmännchen verschaffen sich durch Gewalt Sex mit Weibchen, Bonoboweibchen setzen Sex dazu ein, dass alle friedlich bleiben. Während bei Schimpansen Mord und Todschlag zum Verhaltensrepertoire gehört, berichtet der Biologe Takeshi Furuichi: *bei den Bonobos ist alles friedlich. Immer wenn ich Bonobos sehe, genießen sie das Leben (*Safina 2022, S. 297). Das scheint, nebenbei bemerkt, ein klarer biologischer Hinweis darauf zu sein, dass vielleicht auch bei Menschen mehr Frauen in Führungspositionen die Welt besser machen könnten. Denn die Bonobos sind unsere engsten Verwandten im Tierreich.

Der Geschlechterdimorphismus im Größenunterschied von Mann und Frau weist darauf hin, dass in der menschlichen Entwicklung Dominanz und Status ein sexueller Selektionsfaktor ist. Das zeigt sich darin, dass Männer im Schnitt größer und stärker sind als Frauen. Der Evolutionsbiologe David Buss von der University of Texas untersuchte die Vorlieben von Frauen in 37

Kulturen von sechs Kontinenten und kommt zu dem Schluss: Auf der ganzen Welt suchen Frauen nicht den Schönling, sondern den mächtigen, wohlhabenden und dominanten Mann. Frauen messen der Größe eines Mannes einen hohen Wert bei, denn Größe bedeutet Kraft und Durchsetzungsfähigkeit und damit häufig auch hohen Status. Größere Männer verdienen im Durchschnitt mehr und von 41 amerikanischen Präsidenten waren 39 überdurchschnittlich groß. In der Partnervermittlung gilt es als „Kardinalsprinzip" der Partnerwahl, dass man Frauen nur Männer vermitteln kann, die größer gewachsen sind als die Suchende selbst.

Daneben bevorzugen Frauen Männer, die eine vorteilhafte Ausbildung oder einen gut bezahlten, sozial hoch angesehenen Beruf haben. Frauen verzichten aus Sorge um die Zukunft ihres Nachwuchses auf so manches Schönheitsideal und achten stattdessen beim Kennenlernen auf Charaktereigenschaften wie Karriereorientierung, Ambition und Fleiß – Merkmale, die Aufschluss über das Potential des Partners geben können. *Das Klischee, nach dem Frauen gern mit Ärzten, Rechtsanwälten oder Professoren verheiratet wären, korrespondiert offensichtlich mit der Realität, nicht nur in Deutschland (*Hassebrauck & Küpper 2003). Dazu passt, dass sich die meisten Frauen einen älteren Mann wünschen, über die oben genannten 37 Kulturen hinweg im Durchschnitt um 3,4 Jahre. Denn Männer benötigen Zeit, um Status zu erwerben. In Deutschland ist der verheiratete Mann im Mittel 3,2 Jahre älter als seine Frau.

Status bei Menschen setzt sich aus zwei unterschiedlichen Faktoren zusammen: Macht und Ansehen (Prestige). Schon Kleinkinder besitzen bereits ein feines Gespür für sozialen Status und sie neigen denjenigen zu, die offenbar Respekt genießen und auch ältere Kinder suchen sich eher solche Spielkameraden,

denen die Bewunderung und Anerkennung anderer sicher ist (Ayan 2022).
Während Status aktiv vom Individuum mittels körperlichen Robustheit oder der Stellung in einer Hierarchie erworben und ausgeübt wird, wird Ansehen einem Individuum von den Gruppenmitgliedern entgegengebracht. Ansehen wird kumulativ erarbeitet und im kollektiven Gedächtnis gespeichert. Dazu dient uns vor allem Klatsch und Tratsch.
Im Tierreich finden wir Prestige z.B. bei Elefanten, wenn der ältesten Elefantendame aufgrund ihrer Erfahrung die Leitung der Herde übertragen wird. Dass einige Individuen in einer Horde ein hohes Ansehen genießen, lässt sich auch bei Schimpansen beobachten (de Waal 2015, S. 236). Prestige bei Menschen kann von der einfachen Anerkennung besonderer Verdienste durch das soziale Umfeld bis zur regelrechten Anbetung von religiösen oder weltlichen Führern reichen, der Dalai Lama ist ein Beispiel für letzteres.
*Der Drang nach sozialer Anerkennung ist eine -Haupttriebfeder des Menschen. (*Ayan 2022). So stiften z.B. reiche Menschen ihrer Nachwelt Museen und Universitätslehrstühle damit ihr Prestige noch über den Tod hinaus reichen möge.
Die dunkle Seite des Prestige finden wir bei Amokläufen. Beispielhaft dafür mag das Massaker an der Columbine High School dienen, bei dem 13 Menschen und die zwei jugendlichen Täter sterben – es geht den Mördern möglicherweise darum, berühmt zu werden, was sie wohl auch wurden. Solche Taten inspirieren Nachahmer und müssten deshalb eigentlich totgeschwiegen werden, um solchen Taten jede Form von Prestige zu nehmen. Ruhm, auch so ein zweifelhafter, ist durch die gesamte Menschheitsgeschichte hindurch ein starkes Motiv für das Morden, wenn auch nicht immer in einem so widersinnigen Kontext: Von den Taten der alten Helden der Ilias über die Ritter der Tafelrunde bis zu

den heutigen Filmhelden wie Captain America zieht sich das Motiv, Prestige durch Heldentaten in den Augen der Mitmenschen anzuhäufen.
Neben dem Ansehen (Prestige) erwirbt man auch über Machtausübung hohen Status. Die 5.000 Jahre alte Grabanlage von Newgrange in Irland fördert das Gebein eines Vertreters der damaligen Elite zutage, der, belegt durch eine DNA-Analyse, ein Kind einer inzestuösen Verbindung ersten Grades ist – also einer Verbindung von Geschwistern oder von Elter und Kind entstammt (Podbregar 2020). Verwandte dieses Mannes fand man sowohl räumlich wie zeitlich verstreut über eine große Entfernung auf Irland. Diese Elite herrscht offensichtlich über lange Zeit und lässt eine extreme Hierarchie vermuten, bei der nur Familienangehörige als würdige Partner gelten. Solche, als royalen oder dynastischen Inzest bezeichneten Eheschließungen sind auch bei ägyptischen Pharaonen und bei den Gottkönigen der Inka üblich. Allerdings ist der Genpool damit ziemlich beschränkt, und so kommt es zu Degenerationen, wie das Beispiel der Habsburger zeigt.
Die Elite, insbesondere die ganz hohen Herren, bedienen sich einer besonderen Form des „framings": Man verklärt sich selbst zu einer göttlichen Figur oder eignet sich mindestens die Aura des Göttlichen an, gießt über sich selbst das „Gottesgnadentum" aus, wie in Europa der Kaiser des Heiligen Römischen Reich Deutscher Nation. Und so erstrahlen sie in einem göttlichen Glanz und der Adel tut es dem Kaiser gleich. Georg Büchner schreibt über den Großherzog Ludwig II. von Hessen „...und seine göttliche Gewalt vererbt sich auf seine Kinder mit Weibern, welche aus ebenso übermenschlichen Geschlechtern sind" (Büchner 1834). Bei Pavianen erben die Töchter den Dominanzrang der Mütter (Sapolsky 2017, S. 437). Ähnliches finden wir im alten Rom: Dort erbt der Sohn das soziale und politische Kapital, also das freundschaftliche Netzwerk

und die politische Autorität einer jahrhundertjährigen Familientradition in der Bekleidung hoher Ämter im Staat (Sommer 2022, S. 199). Adelige heiraten vorzugsweise standesgemäß – der Adelsstatus soll nicht gefährdet werden. Die Kastenzugehörigkeit in Indien wird auch heute noch an die Nachkommen weitergegeben, und wessen Eltern unterprivilegiert ist, der erbt auch nur diesen geringen gesellschaftlichen Status. Nach dem Inquisitionsrecht der Katholischen Kirche gehen sogar die Sünden des Vaters auf den Sohn über (Godman 2001, S. 61).

Der Lohn des Status

Individuen mit einem hohen Status, haben durch die gesamte menschliche Geschichte hindurch mehr Nachwuchs als der Durchschnitt der Männer. Diktatoren und Tyrannen münzen ihre Macht in genetischen Erfolg um, indem sie sich zum Teil absurd große Harems zulegen: Am Anfang aller Hochkulturen sind die gesellschaftlichen Unterschiede besonders groß. Überall stehen absolute Herrscher an der Spitze der Reiche. Sie setzen ihre Macht schamlos dafür ein, möglichst viele Kinder zu zeugen: Der ägyptische Pharao Akhenaten unterhält dreihundert und siebzehn Konkubinen neben seinen offiziellen Gemahlinnen, der indische Herrscher Udayama hält sich sechstausend Frauen, dem babylonischen König Hammurabi stehen tausende von versklavten Ehefrauen zur Verfügung, der Aztekenkönig Moktezuma erfreut sich an viertausend Konkubinen und die Kaiser des chinesischen Reiches haben hunderte bis tausende Frauen zu ihrer exklusiven Verfügung, wobei Eunuchen streng darüber wachen, dass kein anderer Mann an diese Frauen herankommt. Der biblische König Salomon soll über einen Harem von 700 Frauen und 300 Nebenfrauen verfügt haben und noch der Sachsenfürst August der Starke (1694 –

1733) hinterlässt der Nachwelt 354 Kindern. Dass dies keine Berichte aus Tausendundeiner Nacht sind, sondern eine bestenfalls übertriebene Realität wiederspiegelt, lässt sich nicht nur mit historischen Quellen belegen, in denen z.B. über den Geschlechtsverkehr der Chinesischen Kaiser streng Buch geführt wird. Wie deutlich einzelne Männer der Welt ihren genetischen Stempel aufgedrückt haben, lässt sich nämlich heute auch anhand von Genanalysen belegen: Geschätzte sechzehn Millionen Männer tragen heute die genetische Signatur von Dschingis Khan (ca. 1155-1227) und immerhin noch 1,5 Millionen Männer der heutigen Bevölkerung lassen sich auf das genetische Erbe des Jurchen-Fürsten Giocangga († 1571) zurückführen (Kaulen 2015).
Ihren evolutionären Erfolg erzielen Eliten aber nicht nur auf dem Gebiet der Gene, sondern auch auf dem Gebiet der kulturellen Überlieferungen, der Softgene, wie ich Kulturbausteine hier nennen werde. Wir vererben nicht nur unsere Gene, sondern auch unseren Status und unsere materiellen und ganz allgemein unsere kulturellen Besitztümer. Wie schon erwähnt, erben die Töchter von Pavianen den Dominanzrang der Mütter, bei den Römern erbt der Sohn das soziale und politische Kapital. Dynastien finden wir nicht nur als Standard in den meisten großen und kleinen Reichen, beim Adel und heute auch beim Geldadel, sondern sogar in solchen kommunistisch regierten Ländern wie Nordkorea. In China werden die Nachfahren der Gründer der Kommunistischen Partei nicht zu Unrecht „Roter Adel" oder die „Prinzlinge" genannt. Und selbst in den USA gibt es Familien, die fast wie Dynastien die hohen Regierungsämter weiterreichen: z.B. die Kennedys oder die Bushs.
Nun gibt es einen interessanten Unterschied zwischen Genen und Softgenen – Gene, so die klassische Ansicht in der Biologie spätestens seit Richard Dawkins , möchten sich möglichst weit verbreiten. Bei Softgenen

ist das vermutlich nicht ganz so: Wissen ist Macht, und Macht teilt man nicht gern. Es ist vernünftig, Wissen an unsere Freunde und Verwandten und selbst an unsere Horde oder den Stamm weiter zu geben, nicht aber an „Fremde", mit denen wir in Konkurrenz stehen. Das ist leicht einzusehen, wenn wir die Wirtschaft betrachten: Innerhalb einer Firma muss der Informationsaustausch und der Wissenstransfehr möglichst reibungslos ablaufen, aber die Betriebsgeheimnisse dürfen unter keinen Umständen an die Konkurrenz verraten werden. Und auch unseren politischen Einfluss, unseren Status und schließlich auch das materielle Erbe sollten nicht möglichst breit gestreut, sondern wenn möglich zusammengehalten werden.

Hier tauchen die ersten Anklänge einer Gruppenselektion auf: Überall, wo wir soziale Verbände finden, finden wir auch die Konkurrenz zwischen solchen Gruppen. Diese Beobachtung wird uns weiter in Richtung „Rassismus" führen. Aber davon später.

Krieg der Spermien

Neben der Konkurrenz über den Status zwischen den Männchen einer Art gibt es noch eine andere Art des Wettbewerbs um den Fortpflanzungserfolg, der im Verborgenen ausgetragen wird und der uns später noch einmal beschäftigen wird. Primaten unterscheiden sich deutlich in ihrem Verhältnis von Hoden- zu- Körpergröße und darüber lässt sich recht präzise das Fortpflanzungsverhalten der Art (oder Gattung) vorhersagen (Baker 2002). Gorillamännchen sind mehr als doppelt so schwer wie die Weibchen, weil Kampfgewicht im Streit um die Weibchen ein Vorteil ist. Sie haben aber nur einen kleinen Hoden. Gorillamännchen konkurrieren über ihre Physis mit

anderen Männchen, sie verhalten sich handgreiflich und aggressiv, sie sind eifersüchtige Haremsbesitzer.
Bei den Vorfahren des H. sapiens finden wir die Entwicklung, dass sich die Größe der Geschlechter annäherten: Lucy, die bekannteste Vertreterin der Gattung Australopithecus afarensis, war – vor 3,8 bis 2,9 Mio. Jahren – ähnlich der Gattung Gorilla als Weibchen nur etwa halb so groß wie ihr männlicher Geschlechtspartner. Vor 1,7 Mio. Jahren überragte der H. erectus seine Partnerin noch um 20 Prozent, beim H. sapiens unserer Zeit beläuft sich dieser Sexualdimorphismus durchschnittlich auf 6-8 Prozent. Es ist zu vermuten, dass sich damit auch die Konkurrenz unter den Männern verringerte. Bonobomännchen kämpfen untereinander kaum oder gar nicht um Weibchen – in ihren Horden haben sowieso die Weibchen die Hosen an. Bonobomännchen unterscheiden sich in der Größe kaum von den Weibchen, dafür haben sie einen sehr großen Hoden. Sie lösen Konflikte durch Sex. Bonobos treiben es mit allem und jedem, selbst das Geschlecht oder das Alter spielen dabei kaum eine Rolle. Sie sind promiskuitiv, sie kümmern sich wenig darum, ob ein Sexualpartner noch mit anderen Sex hat.
Die Männchen der Gattung Gorilla und der Art Bonobo konkurrieren um den Befruchtungserfolg bei den Weibchen, aber sie tun dies auf fundamental unterschiedliche Weise. Ein Bonobomännchen schaltet seine Beischlafkonkurrenten über die Menge und über die Schnelligkeit seiner Spermien aus, um so den Kampf um das Ei zu gewinnen, seine wichtigste Waffe ist ein großer Hoden, der erst im Vollzug des sexuellen Aktes zur Geltung kommt. Biologen nennen das Spermienkonkurrenz. Sie ist im Tierreich durchaus verbreitet. Verhaltensforscher haben sie schon bei Taufliegen, Libellen, Gespensterkrabben oder Trauerfliegen beobachtet. Bei 21 untersuchten Heuschrecken-Arten finden Forscher das männliche

Geschlechtsteil vor allem bei den Spezies ausgeprägt, bei denen die Weibchen sich mit mehreren Männchen paaren. Die Ergebnisse decken sich mit anderen Studien, in denen Fische und Vögel untersucht werden. Auch hier gilt: je promiskuitiver die Weibchen, desto größer die Hoden der Männchen (Seidler 2013).
In der Spermienkonkurrenz wird der Befruchtungserfolg potentieller Väter nicht nur durch die Zahl, sondern auch durch die Geschwindigkeit und Zielstrebigkeit der Bewegung ihrer Spermien bestimmt (Krauß 2021, S. 113). So zeigen Untersuchungen von Jaclyn Nascimento an der University of California in San Diego, dass sich das Paarungsverhalten in den Spermien abbildet: Während sich Gorilla-Spermien eher träge fortbewegen (0,1 m/h), sind die Spermien von Rhesusaffe und Bonobo schnell (0,7 m/h). Menschliche Spermien bewegen sich mit 0,2 m/h (Khamsi 2007). Die Biologie der menschlichen Spermien lässt vermuten, *dass es im Lauf der menschlichen Evolution nicht ungewöhnlich war, das die Spermien von mehr als einem Mann im Reproduktionssystem einer Frau vorhanden waren* (Chistakis 2019, S. 189). Die Größe des Penis, die mittelgroßen Hoden und die reichhaltige Menge an Ejakulat deuten auf ein soziokulturelles Milieu der Menschwerdung hin, in der Spermienkonkurrenz stattfindet. Ein weiterer Hinweis darauf, dass der Mann auf Spermienkonkurrenz vorbereitet ist, ist die Form des männlichen Geschlechtsteils: Sein Penis hat die Form eines Saugkolbens, er ist optimal dafür konstruiert, Sperma aus der Vagina einer Frau heraus zu transportieren (Baker 2002, S. 240). Genau diese Fähigkeit eines Penis müssen wir aus der Sicht der Spermienkonkurrenz erwarten. Denn Männer, denen es gelingt, dass Inseminat eines anderen zu entfernen, der vor ihnen zum Zuge kam, erhöhen ihren eigenen Fortpflanzungserfolg.

Auch auf weibliche Seite gibt es bezüglich der Spermienkonkurrenz Hinweise: Der Orgasmus der Frau ist für eine Schwangerschaft, anders als beim Mann, nicht nötig. Es spricht einiges dafür, dass der weibliche Orgasmus ihr dazu dient, Einfluss auf einen in ihr tobenden Spermienkrieg auszuüben, weil ein Orgasmus den Spermien den Zugang zum Ei erleichtern oder erschweren kann, je nachdem, ob er vor, während oder nach dem Orgasmus des Mannes auftritt.

Und das scheint nicht das einzige Auswahlverfahren zu sein: Forscher des Max-Planck-Instituts für Evolutionsbiologie in Plön wiesen an Stichlingen nach, dass weibliche Eizellen bestimmte Spermien bevorzugen oder ablehnen können: Eine Ansammlung von Genen im Erbgut der Spermien bestimmt, welche der männlichen Keimzellen in die Eizelle bevorzugt eingelassen wird (mpg.de 01). Nach neuen Erkenntnissen trifft das auch auf Menschen zu: Am Ende entscheidet die weibliche Eizelle mit, welches Spermium sie einlässt und welches nicht (Fitzpatrick et al. 2020).

„Die vergleichende Biologie der menschlichen Fortpflanzung legt insgesamt nahe, dass Menschen einen relativ geringen Spermienwettbewerb erleben" (Richerson et al. 20210). Dies mag auf zwei gegensätzliche Entwicklungen zurückzuführen sein: Auf der einen Seite nimmt der Konkurrenzdruck zwischen den Männern ab, wenn die innerartliche Kooperation zunimmt, was in Richtung einer vermehrten Spermienkonkurrenz führen sollte. Auf der anderen Seite verringert sich der Spermienwettbewerb, weil sich im Zuge der männlichen Investitionen in die Nachkommen die Monogamie durchsetzt.

Zur Theorie der Softgene

Eine wichtige Richtschnur, sich die Welt rational zu erschließen, ist das Prinzip der Sparsamkeit (lex parsimoniae) – auch Ockhams Rasiermesser (Occam's Razor) genannt. Es stammt ursprünglich aus der Scholastik, also aus der Denkweise und der Methodik der Beweisführung der mittelalterlichen Gelehrtenwelt. Das lex parsimoniae verlangt von Hypothesen und Theorien höchstmögliche Einfachheit. Es besagt, dass wir von verschiedenen möglichen Erklärungen für denselben Sachverhalt der einfachsten Theorie den Vorzug geben sollten. Die Erklärung, der menschliche Geist sei etwas grundsätzlich anderes als der Geist z.B. eines Schimpansen, verletzt diesen Grundsatz guter Wissenschaftlichkeit. Wenn wir den Menschen nicht als von Gott erschaffen, sondern als evolutionär hervorgebracht ansehen, fordert dieses Prinzip zwingend eine übergreifende Theorie von den Naturwissenschaften hin zu den Geisteswissenschaften. Einen Ansatz dazu liefert Richard Dawkins, als er den Begriff des „Mems" einführt. Dawkins sieht bei seinen Kulturbausteinen eine ähnliche Entwicklung, wie bei den menschlichen Genen – sie würden sich stets darum bemühen, weiter gegeben zu werden. Der Begriff „Mem" ist heute Allgemeingut in den sozialen Netzen, eine plausible Definition, was ein Mem ist, existiert allerdings bis heute nicht. Aber irgendwie klingt es nach Gen, nach Verbreitung und Selektion und nach einer Theorie, die bereits ausgearbeitet ist und darauf wartet, auf das Gebiet kultureller Weitergabe erweitert zu werden. Wenn wir Rassismus auf seine biologischen Wurzeln zurück verfolgen wollen, brauchen wir genau so eine Theorie.

Der Übergang vom Gen zum Mem

Es gibt eine Vielzahl von offensichtlichen Zusammenhängen von Genen und Kultur und deren gegenseitige Beeinflussung. Solche Beeinflussungen sehen wir auch schon in der Biologie: Hühnerküken, die frisch aus dem Ei geschlüpft sind, wissen nicht, wie Raubvögeln aussehen. Daher flüchten sie zunächst vor allen Schatten, die am Himmel auftauchen. Das ist sehr energieaufwändig. Aber sie haben auch die Fähigkeit mit aus dem Ei gebracht, von Artgenossen zu lernen, Biologen bezeichnen diese Fähigkeit als „soziales Referenzieren". Sie beobachten, bei welchen Schatten die älteren Hühner fliehen und bei welchen nicht. Auf diese Weise lernen sie, sich nur bei echter Gefahr zu verstecken. Dieser Lernvorgang führt nicht zu einem gänzlich neuen Verhalten, sondern ein angeborenes wird nur an die Umweltanforderungen justiert. Das erklärt nebenbei, warum Vogelscheuchen nur kurze Zeit funktionieren (Sachser 2018, S. 145). Tieren haben unterschiedliche Charaktere, u.a. sind sie eher mutig, oder eher ängstlich. Wenn eine tollkühne Saatkrähe sich immer näher an die Vogelscheuche herantraut, beobachten andere Krähen das genau. Und so lernen auch ängstliche Krähen durch Beobachtung von Artgenossen, dass Vogelscheuchen ungefährlich sind. Bei Menschen ist der Zusammenhang zwischen Genen und Kultur weit verflochtener: Unser Hungergefühl sagt uns, dass wir Nahrung zu uns nehmen sollen, aber die Auswahl der Nahrung hängt nicht nur von unseren genetisch voreingestellten Vorlieben ab, z.B.: iss es, wenn es süß schmeckt, spuck es aus, wenn es bitter schmeckt. Vielmehr wählen wir zusätzlich gemäß unserer kulturellen Umgebung, wir haben uns an sie angepasst: Frittierte Heuschrecken gehören nicht zum europäischen Kulturgut. In Mexiko, wo sie als Snack beliebt sind, werden sie in einigen Landesteilen auf dem Markt angeboten. Der Spracherwerb ist in uns angelegt, welche Sprache wir erwerben, hängt von unserer Umwelt ab, die in unseren ersten Monaten meist von der Mutter dominiert ist. Wir lernen die Muttersprache. Und es ist noch verwickelter, denn die Umwelt gibt vor, was und worüber wir sprechen, Küstenbewohner sprechen eher über die Gefahren der Seefahrt, Bergvölker eher über die Gefahren, die von Bergen ausgehen.

Bei ausreichender Ernährung und Pflege eines gesunden Kindes lässt es sich nicht verhindern, dass es Laufen lernt, aber welche Sportart es betreiben wird, hängt vom kulturellen Vorlieben ab. Ein Kind wird Gut und Böse unterscheiden lernen, aber was jeweils dazu zählt, vermittelt die Gesellschaft, in der es aufwächst. Es wird in die Pubertät kommen, Vorlieben für dasselbe oder ein anderes Geschlecht entwickeln, aber mit wem und wie es Sex hat, bestimmt immer auch das kulturelle Umfeld mit.

Natur und Kultur gehören zusammen: Entwicklungspsychologen kennen eine große Anzahl von Entwicklungsstadien des Verhaltens, die ein Menschenkind durchläuft, und weil es fast alle Kinder in ähnlicher Art tun, ist es als „artgerecht" für den H. sapiens zu bezeichnen. Und daraus folgt eine „artgerechte" menschliche Kultur. *Die Natur des Menschen besteht in den ererbten Regelmäßigkeiten der mentalen Entwicklung, die für unsere Art typisch ist* (Wilson 2013, S. 233). Ein ähnliches Konzept vertreten die Anthropologen Lionel Tiger und Joseph Shepher. Ihrer Meinung nach besitzen wir Menschen eine grundlegende Form des Soziallebens, dass in den Genen eingeschrieben und von der Evolution geprägt wurde. Sie nennen es das menschliche Biogramm (Christakis 2019, S. 105). Zu unserer kulturellen DNA gehören sicherlich die folgenden Bausteine, die wir so gut wie in jeder Kultur wiederfinden können: *Religiöse Rituale, Seelenkonzepte, Eschatologie, Kosmologie, Aberglaube, Traumdeutung, Magie, Wahrsagerei,*

Wunderheilglaube, Medizin, Chirurgie, Schwangerschaftssitten, Geburtshilfe, Geburtsnachsorge, Beerdigungsrituale, Hygiene, Sauberkeitserziehung, Speisegesetze, Gesetze, Eigentumsrechte, Hausrecht, Regierungsbildung, Standesunterschiede, Bevölkerungspolitik, Besiedlungsprinzipien, Kommunalorganisationen, Strafaktionen, Sühneopfer, Erbschaftsregeln, sexuelle Verbote, Inzest-Tabus, Pubertätsverhalten, Liebeswerben, Eheschließung, Mahlzeitengewohnheiten, Familienfeiern, Erziehung, Verwandtschaftsgruppierungen, Verwandtschafts-Nomenklatura, Altersgruppen-Differenzierung, Arbeitskooperation und Arbeitsteilung, Handel, Gärtnern, Kalender, Wetterbeobachtung, Werkzeugfabriken, Webkunst, Feuergebrauch, Kochen, Sprache, Ethik, Etikette, Folklore, Geschenke, Begrüßungsformen, Gesten, Besuchsbrauchtum, Gastfreundschaft, Spiele, Tanz, Sport, Witze, Haartrachten, Körperschmuck, Ornamentkunst, Personennamen (Wilson 2000, S. 198).
Aber der Zusammenhang zwischen angeborenem Verhaltensdispositionen und ihre Überformung durch die Kultur wirkte auch in die andere Richtung – von der Kultur in die menschlichen Gene: Wir tragen eine ganze Anzahl von Genen, die wir der Anhäufung der menschlichen Kultur verdanken.

Kultur machte Gene

Unsere Hand unterscheidet sich von allen anderen Händen im Tierreich, vor allem durch den opponierbaren Daumen. Er erlaubt uns, Dinge im sogenannten Korbgriff zu handhaben. Aber warum hat sich unsere Hand so umgestaltet? Die Antwort ist ebenso einfach wie weitreichend: Unsere Hand hat sich an den Werkzeuggebrauch angepasst. Offensichtlich gab es eine wechselseitige Beeinflussung zwischen Faustkeil und Hand – wer besser mit einem Steinwerkzeug umgehen kann, erlangt einen evolutionären Vorteil. Gene, die für Hände codieren, die Werkzeuge besser handhaben können, werden selektiert.

Das führt uns zu einer bemerkenswerten Schlussfolgerung: Werkzeuggebrauch muss sich ebenso ununterbrochen vererbt haben, wie unsere Gene. Es muss neben den Genen auch tradiertes Wissen, „Softgene" geben, die die Umgestaltung der menschlichen Hand fortwährend begleiten. Das aber ist nur möglich, wenn es eine starke Konformität gibt, die erzwingt, dass unsere Vorfahren Werkzeuge immer in derselben Art herstellen und verwenden. Und dieses Wissen muss stetig an die nächste Generation vererbt werden können.

Für die Weitergabe von Werkzeugen und wie man sie gebraucht, bedarf es einer weitreichenden genetischen Anpassung des Menschen. Sie betrifft unseren Sprachapparat und die dazu gehörenden Gehirnareale, mit denen wir Sprache verarbeiten. Unsere Artikulationsfähigkeit, die es so im Tierreich nicht noch einmal gibt, ist notwendige Voraussetzung für die Unterweisung in die Herstellung und den Gebrauch von komplizierteren Gerätschaften. Und wer geschickt mit Werkzeugen umzugehen vermag, hat einen größeren evolutionären Erfolg. Also verbreiten sich Gene, die den Sprachgebrauch ermöglichen und verbessern. Hervorzuheben ist: Die (Mutter-)Sprache mit ihrem Wortschatz und ihrer Grammatik muss ununterbrochen tradiert werden, sonst bricht jede höhere Kultur zusammen.

Die genetische Anpassungen an den aufrechten Gang, ermöglicht unseren Vorfahren, weit in eine Graslandschaft hineinzusehen und einen Speer mitzuführen, beides Voraussetzungen für eine erfolgreiche Jagd. In Folge passt sich unser

Verdauungssystem genetisch an die Umstellung der Nahrung auf proteinhaltigere Ernährung an. Der Mensch lernt, das Feuer zu beherrschen. Das menschliche Verdauungssystem kann nun kürzer werden, denn erhitzte Nahrungsmittel sind einfacher zu verdauen. Dies alles geschieht wechselseitig – in Koevolution.

Eine Genveränderung innerhalb der letzten 10.000 Jahren betrifft das Gen AMY2B. Es codiert für das Enzym Amylase, das für eine effiziente Verdauung von Stärke, also z.B. für die Verdauung von Getreide, sorgt. *Beim Menschen ließ sich eine Mutation zu Gunsten mehrerer Kopien des Gens AMY1B bei Angehörigen von Agrarvölkern nachweisen, während Jäger und Sammler, Neandertaler oder Denisovaner, die ohne Landwirtschaft auskamen, nur wenige solcher Genkopien besaßen (*Shipman 2021). Aber die menschliche Kultur beeinflusst nicht nur die menschlichen Gene sondern auch die seines engsten Freundes: Bei Wölfen finden wir zwei Kopien dieses Gens, bei Hunden sind es mehr als zwei.

All diese genetischen Anpassungen können nur erfolgen, weil das dazu passende kulturell vermittelte Wissen ebenso erfolgreich von Generation zu Generation weiter gegeben wird, wie die Gene. *Würden Informationen niemals mit einer gewissen Zuverlässigkeit von Gehirn zu Gehirn transportiert, so könnte sich niemals Wissen in einer Gesellschaft anhäufen, und die Sprache selbst wäre wertlos* (Pinker 2014, S. 117).

Einige Thesen zu den Softgenen

Die Grundlagen unseres Denkens basieren auf genetisch vererbten Anlagen und auf kulturell vererbten „Softgenen". Der Begriff Softgene steht hier für Bausteine des kulturellen Wissens, die stetig weiter

gegeben werden. Bei Tieren sind das zunächst Verhaltensweisen, die von Artgenossen durch „soziales Referenzieren" übernommen werden. Dazu gehören insbesondere die einzigartigen artspezifischen Erfahrungswelten, die das Sozialverhalten von Tieren kennzeichnen: Optimierte Reiserouten von Zugvögeln in den Süden oder die Jagdtechniken bei den Raubkatzen. Bei hoch entwickelten Tieren, wie den Orcas, den Elefanten oder den Primaten kommen ein Haufen soziokultureller Verhaltensweisen dazu. Das sind u.a. auch der Gebrauch von verschiedenen Werkzeugen, oder, wie bei Schimpansen, das Wissen darüber, was ein Schimpansenkind gefahrlos essen kann oder wovon es die Finger lassen sollte – Wissen, dass dem Säugling von der Mutter beigebracht wird. Bei Menschen umfassen die Softgene u.a.: soziale Verhaltensweisen, Arbeitstechniken, Bücher und Internet oder wie man ein Auto fährt. Unser Wissen ist das mächtigste Werkzeug, dass uns an die Hand gegeben ist, um zu überleben, Sex zu haben und Kinder groß zu ziehen.
Der evolutionäre Vorteil von Softgenen ist, dass sie eine rasche Antwort auf sich rasch wandelnde Umweltbedingungen ermöglichen. Sie sind von evolutionärem Vorteil dort, wo eine genetischen Anpassung viel zu lange dauern würde. Dazu kommt, dass sie es erlauben, die Umwelt mehr und besser an die eigenen Bedürfnisse anzupassen – also Kultur im eigentlichen Sinne zu erzeugen. Softgene ermöglichten es dem Menschen, sich jede beliebige Umwelt ohne große genetische Veränderungen als Habitat zu erschließen.
Softgene unterliegen der Evolution in der Art, wie Karl Popper den wissenschaftlichen Wandel charakterisiert: Jedes Softgen kann lediglich falsifiziert werden und verschwindet dann aus dem Softgen-Pool und wird durch ein Neues, oft Besseres ersetzt.

Bei Menschen verstärken Softgene vor allem die Fähigkeit, untereinander zu kooperieren – Kultur ist ein Phänomen kooperativer Gestaltung der Umwelt. Softgene sind vor allem das dauerhaft gespeicherte Wissen einer Kultur und weniger das Wissen einer Einzelperson.

Eine Konsequenz aus der Softgen-Theorie erscheint besonders folgenreich: Bei Genen sind die allermeisten Mutationen schädlich oder neutral. Daher ist es in aller Regel gut, wenn die Gene unverändert tradiert werden. Das ist prinzipiell auch in der Evolution der Softgene so. Kulturgüter müssen über viele Generationen hinweg ohne große Veränderungen „vererbt" werden können. (Ich werden diesen zentralen Aspekt unter dem Begriff Konformismus weiter erörtern.) Dabei trotzt der Widerstand gegen Veränderungen in der Kultur oft jedem rationalen Argument.

Neue Ideen sind vor allem Abwandlungen (Mutationen) alter Ideen und nicht immer besser. Allerdings spielt hier die Ratio des Menschen eine Rolle. Intelligenz ist die Fähigkeit, das Verhältnis von schädlichen und nützlichen Mutationen von Ideen zugunsten der nützlichen zu verschieben: Menschlicher Weitblick kann die Dinge rascher voran bringen als eine blind wirkende Darwinistische Evolution, die nur Versuch und Irrtum kennt.

Für den Einzelnen von uns bedeutet die Theorie der Softgene, dass nicht nur unsere Gene durch unsere Kinder erhalten bleiben. Auch das, was wir zur Kultur beigetragen, überlebt möglicher Weise dauerhaft als Softgen unseren individuellen Tod und beschert uns dann „ewigen Ruhm". Wir erinnern die Namen von Menschen, die uns, wie z.B. Albert Einstein, eine bahnbrechende Theorie, oder Ludwig van Beethoven, der uns zeitlos schöne Musik hinterlassen haben.

Wie wir aus der Informatik wissen, gibt es eine gewisse Äquivalenz zwischen Hardware und Software. Dasselbe gilt für Gene und Softgenen. Daraus lässt sich eine weitere Hypothese ableiten: Softgene können gelegentlich in Konkurrenz zu den Genen treten, jedenfalls deutet sich so etwas an, wenn wir das Zölibat in der Katholischen Kirche betrachten. Zu Gunsten der Verbreitung und Erhaltung des Softgen-Komplexes „Katholische Kirche" verzichten ihre Priester mehr oder weniger auf ihren genetischen Erfolg. Sie widmen ihr Leben ausschließlich dem Überleben der Softgene, die sie vertreten.

Feuer und Schwert

Dass der christliche oder auch muslimische Glaube mit Feuer und Schwert weiter verbreitet wurde, macht deutlich, dass Softgene, ähnlich wie die Gene selbst, bestrebt sind, sich auszubreiten. Konkurrenz entsteht immer dort, wo es um die Nutzung derselben Ressourcen und um dieselben Ziele. Bei Sofgenen in unserem Kopf sind das der Ort und das Management der gespeicherten Informationen. Wie in der Informatik kosten auch im Gehirn Speicherplatz und Datenverwaltung Energie. Und so sind es gerade die artverwandten Softgen-Komplexe wie Katholizismus versus Protestantismus, Sunniten versus Schiiten, oder, bezogen auf Ideologien, Sozialismus versus Kapitalismus, die gnadenlos um dieselben ökologischen Nischen in unserem Kopf kämpfen.
Die Ziele, die mit einer Religion verfolgt werden, sind immer ähnlich und können deshalb nicht nebeneinander bestehen, wenn sie z.B. unterschiedliche moralische Ansprüche an die Gläubigen stellen. Dies erklärt auch die Gegnerschaft der Evangelikalen gegenüber den Naturwissenschaften: Spätestens wenn die Entstehung der Moral wissenschaftlich hergeleitet werden kann, werden religiöse Moralsysteme wie das des Christentums obsolet, und das ist ein Angriff auf die religiösen Überzeugungen.

Die großen Weltreligionen schweißen ihre Gläubigen nach innen zusammen, weil sie die Einhaltung bestimmter moralischen Regeln unterstützen. Nach außen hingegen machen Religionen eine Gemeinschaft wehrfähiger bis hin zum Märtyrertum. Religionen trennen die Welt in Gläubige und Ungläubige und erzeugen so ein Wir-Gefühl: Wir sind die Guten, die anderen sind minderwertig, und können schlechter behandelt werden. Es sind dieselben Tendenzen, die wir auch beim Rassismus sehen. Ich werde diese Aspekte daher an anderer Stelle weiter vertiefen.

Konformismus

Wie beim Thema „Sex" ausgeführt, bedeutet Evolution vor allem ein Bewahren, weil es zu viele Mutationen gibt, die zum Schlechteren führen. Kaputt gehen kann etwas auf vielfältige Weise, aber ganz bleiben nur auf eine. Funktionstüchtigkeit ist ein außergewöhnlicher und selten lange andauernder Zustand und er muss aktiv erhalten werden. Das ist, nebenbei bemerkt, der tiefere Grund für den Tod: Der Körper eines Organismus hat lediglich die Aufgabe, die Gene solange zu schützen und zu bewahren, bis sie in einen neuen Körper übergewechselt sind. Dort sind sie wiederum für eine Weile geschützt. Etwas so kompliziertes wie den menschlichen Körper dauerhaft zu erhalten, ist sicherlich unmöglich. Aber unsere Gene werden auf diese Weise potentiell unsterblich.
Die *Erhaltung bereits vorhandener Funktionalität* ist ein Grundproblem der Evolution (Krauß 2021, S. 6). Der Evolutionsprozess selektiert nicht in erster Linie vorteilhafte Mutationen. Vielmehr *besteht die Selektion in der Regel in sogenannter stabilisierender oder negativer Selektion, die im Gegensatz zur wesentlich selteneren gerichteten oder positiven Selektion gegen Veränderungen des Genoms wirkt (*Krauß 2021, S. 7)

Dasselbe gilt für Softgene: Keine kulturelle Struktur könnte sich entwickeln, wenn sich ihre Bausteine ständig verändern würden. Wir müssen also davon ausgehen, dass es ein ganzes Bündel von unterschiedlichen Verhaltensdispositionen gibt, die dafür sorgen, dass die Softgene unverändert bleiben, also dem kulturellen Wandel widerstehen. Hierfür mag der Begriff Konformismus stehen. Und in der Tat ist die Vererbungstreue oft so hoch, dass die Kultur wie ein Vererbungssystem funktioniert.
Konformismus finden wir schon im Tierreich: Werkzeuggebrauch ist im Tierreich weit verbreitet, insbesondere bei unseren nahen Verwandten. Forscher haben schon etwa 40 verschiedene Verhaltensweisen beim Umgang mit Werkzeugen beschrieben, die von Schimpansen kulturell weitergegeben werden. Sie benutzen u.a. Sonden, Hämmer, Ambosse, Keulen, Schwämme, Blattteller, Fliegenwedel und an verschiedenen Orten ergeben sich daraus dann verschiedene Material- und Verhaltenskulturen (Safina 2022, S. 308 f.). Andrew Whiten, Professor an der School of Psychology & Neuroscience, University of St Andrews meint dazu, Schimpansen *besäßen eine komplexes soziales Überlieferungssystem, das das genetische Bild ergänzt (*Safina 2022, S. 310). Thibaud Gruber vom Swiss Center For Affective Sciences in Genf vermutet bei Schimpansen und Orang-Utans eine Art Konservatismus und funktionale Gebundenheit. Diese Primaten würden sich lieber auf ihnen schon bekanntes Wissen verlassen und diese funktionale Gebundenheit würde möglichen innovativen Neuerungen entgegenstehen (Becker 2021, S. 112f.). So benutzen Schimpansen erprobte Lokalitäten teils über sehr lange Zeit: Es ließ sich nachweisen, dass bestimmte Ambossplätze zum Teil mindestens seit 700 Jahre von ihnen zum Öffnen von hartschaligen Nüssen benutzt werden (Becker 2021, S. 30).

Schimpansen mögen es, wenn die Dinge so bleiben, wie sie sind. Junge Schimpansen lernen schnell, aber sie neigen dann auch dazu, *sich darauf zu versteifen, dass die Dinge so getan werden müssen, wie sie sie gelernt haben. Dann wollen sie nur noch Konformität* (Safina 2022, S. 319).
Warum Konformität grundsätzlich günstiger ist, als jeder neuen Entwicklung hinterher zu laufen, ist an sich klar: Neuerer, Entdecker und Nonkonformisten gehen grundsätzlich ein höheres Risiko ein, aus dem evolutionären Rennen geworfen zu werden. Denn neue Dinge zu tun bedeutet, lang erprobte Wege zu verlassen und gefährliche neue Wege zu erkunden. Kleinkinder z.B. weigern sich ab ca. zwei Jahren, Dinge zu essen, die sie vorher nicht von ihren Eltern vorgesetzt bekommen haben. Man nennt das Neophobie. In den ersten beiden Lebensjahren sind Kinder in der Obhut vor allem der Mutter, die sie mit allem Lebenswichtigen versorgt und ihnen so nebenbei beibringt, was bekömmlich ist. Ihre starke Neigung zur Neophobie ab dann schützt Kleinkinder davor, selbst zu explorieren und dabei versehentlich statt Kirschen Tollkirschen (Atropa bella-donna) zu naschen.
Allgemein gilt, von anderen zu lernen, was andere schon davor von Anderen gelernt haben, bedeutet, auf der sicheren Seite zu sein – dass ist die klassische Form der Evolution – Erhaltung des Bewährten!
Konformismus ist ein genetisches Erbe des H sapiens, wie die Beispiele aus dem Tierreich und die Koevolution von Kultur und Genen beim Menschen zeigen: Das Broca-Areal und das Wernicke-Zentrum haben sich zusammen mit unserer menschlichen Kommunikation entwickelt. Das konnte nur gelingen, weil sich Sprache und Sprachinhalte in einer ununterbrochenen Folge von den Eltern auf die Kinder übertragen haben, ohne dass es dabei im Sprachschatz und Grammatik zu größeren Abweichungen kam.

Weil der Konformismus so tief in uns steckt, fordern wir ihn weniger über Argumente als über Emotionen ein: Wir freuen uns mit gleichgesinnten Fans über den Sieg unserer Mannschaft, weil uns Gleichgesinntheit ein Gefühl von Geborgenheit und Sicherheit vermittelt. Uns ärgern Abweichungen vom erwartbarem Verhalten, etwa, wenn jemand sich beim Bäcker nicht hinten anstellt. Wir geraten in Wut, wenn jemand sein Auto auf dem Fußweg parkt, wo wir gerade herlaufen. Unser Gefühl für Scham bewirkt, das wir vermeiden, bei Tisch zu furzen. In jeder Gemeinschaft gibt es so einen *Selektionsdruck in Richtung Imitation und Konformität,* und eine „*normangleichende Aggression*" (Tomasello 2016, S. 216).

Strafen ist ein überall vorkommendes Motiv menschlicher Auseinandersetzungen, und wenn es überall vorkommt, ist es vermutlich phylogenetisches Erbe. Ansätze dazu finden wir bereits bei nahen Verwandten: Rhesusaffen rächen sich an Artgenossen, wenn diese einen Futterfund vor ihrer Sippe verheimlichen. Strafen dient der Abschreckung, sie ist die Botschaft: Mach das nie wieder! Strafe oder auch Rache *führt so zur Disziplinierung innerhalb einer Gemeinschaft: Solange alle wissen, es gibt Ärger, wenn sie sich eine zu große Portion auf den Teller häufen, werden Gäste bei einem Gastmahl maßvoll bleiben, und dann reicht das Essen für alle (*Schaarschmidt 2021). Die Furcht vor Strafe hält uns vor allem dazu an, überkommene moralische Normen und Gepflogenheiten einzuhalten. In modernen Staaten übernimmt die Gerichtsbarkeit die Aufgabe des Strafens zum Zwecke der sozialen Kontrolle: der Staat reklamiert für sich das Gewaltmonopol.

Normangleichenden Aggressionen wendet sich gegen Abweichler. Klatsch und Tratsch lassen uns befürchten, blamiert da zu stehen, wenn wir gegen gesellschaftliche Normen verstoßen – unser Prestige leidet dann. Der Katalog von sozialen Sanktionen beginnt vielleicht beim Hänseln, Auslachen und Verspotten. Strafgesetz und Bürgerliches Recht zwingen uns unter Strafe, uns gesetzeskonform zu verhalten. Verstoßen wir gegen Normen, die als kriminell eingestuft werden, kann ein Verurteilter im wahrsten Sinne des Wortes durch eine Gefängnisstrafe aus einer Gemeinschaft ausgeschlossen werden. Und diese normangleichenden Aggressionen treffen dann insbesondere auch Migranten, deren abweichenden kulturellen Verhaltensweisen nicht den in ihrem Gastland vorherrschenden Normen entsprechen.

Interessanter Weise erfolgt die Ausgrenzung von Straftätern aus der Gemeinschaft schon durch Umetikettierung: Aus einem Mitbürger wird bei entsprechenden Vergehen ein Dieb, ein Betrüger, ein Räuber oder gar ein Mörder. Das Etikett setzt den gesamten Menschen herab, es macht aus einem Individuum einen Typus. Begleitet wird das von einer moralischen Überheblichkeit, die wir gegenüber Dieben, Betrügern und Mördern empfinden. Das empfinden wir als völlig normal, aber wir müssten nicht ein Heer von Richtern und Anwälten unterhalten, wenn es so klar und eindeutig wäre: Macht ein Diebstahl aus einem Menschen ein durch und durch schlechten Menschen, eben einen Dieb?

Dieses Abstempeln von Menschen ist Grundlage des Rassismus: Aus einem Menschen, der in Frankreich lebt, wird ein Franzose – ein Typus und nicht etwa ein liebevoller Vater, der mit seinen Kindern französisch spricht. Aus einem Menschen, der mehr oder weniger stark dem mohammedanischen Glauben anhängt, und der mit seinen katholischen Kollegen am selben Fließband bei Mercedes arbeitet, wird ein Moslem, auch wenn er sich einzig und allein durch seinen Glauben von anderen in Deutschland lebenden Menschen unterscheidet.

Wir werden sehen, dass dieser Mechanismus der Abgrenzungen und Typisierung allgemein gilt, und Teil des Rassismus ist. Wir neigen alle dazu, uns selbst und die Mitglieder unserer Gemeinschaft als die Guten zu betrachten, und wir schauen auf Anderen herab, die wir ausgegrenzt haben. Wir halten Kriminelle für weniger moralisch und dabei pauschalisieren wir: Verbrecher sind einer wie der andere. Wir sind die Guten, wir sind Mitglieder der „besseren" Nation oder wir hängen dem „richtigen" Glauben an.

Gruppenselektion

Dawkins, sicherlich einer der einflussreichsten Biologen unserer Zeit, postuliert in seinem 1976 erschienenen Werk „Das egoistische Gen" die Selektionseinheit, nach der selektiert werde, sei nicht das Lebewesen oder die ganze Art, sie sei wesentlich elementarer, auf der Ebene der Gene zu suchen. Allerdings ist das Problem nicht ganz so einfach. Schon auf der Ebene der Gene ist die Sache kompliziert genug: Es können einzelne Basen an bestimmten Positionen ausgetauscht werden, ein ganzer Block an Basen kann wegfallen, Sequenzen können verdoppelt oder in ihrer Reihenfolge umgekehrt werden, Sequenzen können verschoben oder neue Sequenzen können eingefügt werden. Viren können Teile ihres eigenen Genoms in das Genom des Wirtes einschleusen und dort dauerhaft verankern. Die amerikanische Biologin Lynn Margulis erhält 1999 die "National Medal of Science" für den Nachweis, dass Bakterien in ihrer Entwicklung sogar ganze Zellorgane übernommen haben, die von ursprünglich frei lebenden anderen Bakterien stammen. Vor Jahrmillionen sind sie von anderen Bakterien verschluckt, aber nicht verdaut, sondern eingebaut worden. All das geht schon über eine einfache Gen-Mutation hinaus.

Spätestens beim Thema „Sex" widerspricht Veiko Krauß den Ansichten Dawkins deutlich: Für Krauß lässt sich die Funktion der Sexualität *„nur verstehen, wenn sie im Rahmen einer Population von Lebewesen betrachtet wird und nicht etwa als eine für ein einzelnes Individuum nützliche Funktion."* (Krauß 2021, S. 210). Da Sexualität das Zusammenwirken von genetisch verschiedenen Individuen voraussetzt, ist eine erfolgreiche geschlechtliche Fortpflanzung, zumal, wenn beide Beteiligte den Nachwuchs zu gleichen Anteilen erzeugen, „*im wesentlichen Kooperation d.h. erfolgreiches Gruppenverhalten,*" und nicht etwa das Resultat eines egoistischen Gens (Krauß 2021, S. 211). Dazu kommt, dass bei Menschen die Sexualität eine zusätzliche Funktion erhalten hat – sie dient der Aufrechterhaltung des sozialen Zusammenlebens. Auch das hat wenig mit dem Egoismus einzelner Genen zu tun.

Und auch dieser Einwand ist zu nennen: Letztlich können wir die gesamte Biologie auf ihre physikalische Ursachen – die vier elementaren Wechselwirkungen – herunterbrechen. Ebenso beruhen alle Vorgänge betreffs der Geologie oder der Chemie auf ihren physikalischen Grundlagen. Trotzdem ist es sinnvoll, Chemie, Geologie und Biologie nicht ausschließlich unter physikalischen Blickwinkeln zu betreiben – es wäre unüberschaubar kompliziert. Und genauso wenig ist es sinnvoll, jede Selektion unter ihrem grundsätzlichen Aspekt – der Veränderung einzelner Nukleotide – zu untersuchen. Wir brauchen auch den Blick auf den gesamten Organismus oder eben auf eine Population. Das es letztlich immer um die Veränderung der DNA geht, ist dabei ebenso trivial, wie die Erkenntnis, dass chemischer Reaktionen immer auf physikalische Vorgänge zurückzuführen sind.

Schon Charles Darwin vermutet über uns Menschen: *Ein Stamm, welcher viele Glieder umfasst, die in einem hohen Grade den Geist des Patriotismus, der Treue, des Gehorsams, Mutes und der Sympathie besitzen und daher stets bereit sind, einander zu helfen und sich für das allgemeine Beste zu opfern, wird über die meisten anderen Stämme den Sieg davontragen, und dies würde natürliche Zuchtwahl* [= Selektion] *sein (*Darwin, 1875, S. 172). Unter diesem Blickwinkel unterliegen Gruppen als Ganzes der Evolution: Horden, Dorfgemeinschaften, Fürstentümer und Nationen oder anders ausgedrückt: beliebig skalierte

Gesellschaftssysteme, die jeweils aus unterschiedlich spezialisierten Untereinheiten bestehen können. Ethnozentrismus, religiöse Intoleranz und Rassenpolitik verstärken die Intensität der Selektion zwischen Gruppen (Sapolsky 2017, S. 471). Im schlimmsten Fall wird die Rivalität zwischen Gruppen gewaltsam, durch Kriege ausgefochten.

Die Selektionseinheit für Softgene ist also vor allem in der Gruppenselektion zu sehen. Softgene sind das dauerhaft gespeicherte Wissen einer Gemeinschaft und in der Regel redundant auf viele Individuen. Diese, auf viele Köpfe verteilte Speicherung des kulturellen Wissens ist nötig, damit der erworbene Wissensstand einer Gemeinschaft nicht geschmälert wird, wenn einzelne Individuen sterben. Eigentlich liegt das auf der Hand: Die meisten Bausteine unserer Kultur machen überhaupt nur in einer Gemeinschaft Sinn. Sprache ist hier das klassische Beispiel. Sprechen, Lesen und Bücher Schreiben und was alles sonst noch an diesen Kulturtechniken dranhängt, macht nur Sinn in einer sozialen Gruppe.

Es ergibt sich eine einfache Relation mit mächtiger Wirkung: Je größer eine Gemeinschaft ist, desto mehr Kultur kann akkumuliert werden. Das führte spätestens mit der Erfindung der Landwirtschaft zwangsläufig in Richtung Großreiche – denn nur große Gemeinschaften konnten so etwas wie Bronzeschwerter oder Streitwagen entwickeln und damit kleineren „Reichen" überlegen werden.

Der Mensch ist ein Gruppentier. Und biologisch betrachtet ist die Gruppenselektion die Grundlage des Rassismus. Wir müssen daher klären, was uns als Gruppe zusammenhält und was uns von anderen Gruppen trennt. Dafür müssen wir uns eingehender mit der Kooperation und ihren Vorteilen beschäftigen, und leider später auch mit dem Gegenteil, dem Krieg. Gruppen bilden sich im Allgemeinen, um kooperativ Ziele zu erreichen. Gemeinschaften verbinden sich nach innen in einem quasi-familiären Vertrauensverhältnis und grenzen sich nach außen über „*Fremdenscheu*" ab (Eibl-Eibesfeldt 1997, S. 446 ff.). Innerhalb der Gemeinschaft gelten dieselben Normen, dasselbe Gut und Böse, dasselbe Brauchtum, dieselbe Sprache und Kleidermode, mithin: dasselbe Softgenom. Die Gemeinschaft fühlt sich über dieselbe materielle und geistige Kultur verbunden. Gegenüber anderen Gruppen wird hingegen oftmals konkurriert bis hin zu kriegerischen Auseinandersetzungen.

Krieg, so vermutete schon Clausewitz, *ist nichts als ein erweiterter Zweikampf (*Meller 2015, S. 19). Einzelkämpfer finden wir überall im Tierreich, und dort, wo wir sozial organisierte Tiere finden, treffen wir vielfach auch auf sozial organisierte Kämpfe. Das ist zu erwarten, wenn wir Gruppenselektion als gegeben ansehen: nicht einzelne Individuen konkurrieren, sondern Gruppen von Individuen. Machen wir uns das am Beispiel von Ameisenstaaten, dem klassischen Modellorganismus der Soziobiologie, klar.

Superorganismus

Ein Ameisenhaufen agiert wie ein einziger großer Superorganismus. Er hat Soldaten anstatt eines Immunsystems, Arbeiterinnen anstelle eines Magens und eine Königin anstelle der Eierstöcke. Ameisen verfügen über elaborierte Verhaltensmuster: Sie benutzen Werkzeuge, bauen Straßen und komplexe Bauwerke, betreiben Viehzucht, Landwirtschaft und Vorratshaltung. Und sie führen eben auch Krieg. Ihr kämpferischer Erfolg ist abhängig von der individuellen Kampfstärke, der Anzahl der Kämpfer, der verwendeten Waffen, der Strategie. Und vor allem von ihrer Fähigkeit, effektiv zu kommunizieren. Ein chemisches Erkennungszeichen unterscheidet dabei Individuen der In-Group von Individuen der Out-

Group. Gerät eine einzelne Ameise in einen fremden Staat, wird sie als Out-Group-Mitglied in der Regel getötet.

Treiberameisen bilden verschiedene Kampfformationen, überfallen andere Ameisenvölker, bringen dort die erwachsenen Individuen um und rauben die Brut als Proteinquellen. Einige Arten benehmen sich dabei wie Armeen auf Kriegszügen, sie bilden keine regelrechten Nester mehr sonder nur noch temporäre Biwaks (Witte 2015, S. 58 f.).

Es gibt Ameisenspezies, die sich auf eine Art Sklavenhalterwirtschaft spezialisiert haben. Gegründet werden die Sklavenhalterkolonien durch einen Putsch. Eine Königin dringt in ein fremdes Nest ein, tötet die residierende Königin und nimmt ihren Platz ein. Ab dann werden nur noch Sklavenhalterameisen hervorgebracht, bis die ursprüngliche Kolonie ausgestorben ist. In Kriegszügen überfallen die Sklavenhalterameisen neue fremde Nester und rauben dort die Larven und Eier. Wenn sich daraus Arbeiterinnen entwickelt haben, arbeiten diese für die fremde Kolonie in der Nahrungsbeschaffung und der Brutpflege. Da diese Sklaven keinen natürlichen Nachwuchs in der fremden Kolonie bekommen, müssen sie durch immer neue Raubzüge ersetzt werden. Die Parallelen zur menschlichen Niedertracht sind erschreckend.

Gruppenselektion und Moral

Möglicher Weise wäre ein genetisch wiederauferstandener Dodo gar kein richtiger Dodo. Das Küken hätte keine Eltern, die ihm beibrächten, wie sich ein Dodo zu benehmen hätte. Ein Spruch über Schimpansen lautet: Ein einzelner Schimpanse ist gar kein Schimpanse, und dasselbe trifft in noch weit stärkerem Maße auf uns Menschen zu: Ein isoliert aufwachsender Mensch würde kaum menschlich sein. Ihm würden jegliche soziale Anpassungen an seine Mitmenschen fehlen, angefangen von Sprache und Tischmanieren.

In der Anthropologie herrscht die Theorie vor, dass Stämme, die durch einen Vorsprung an Technologie in der Lage sind, sich ein größeres Territorium zu verschaffen, dieses auch tun werden um so zu mehr Ressourcen zu gelangen (Wilson 2013, S. 126). Das wiederum ermöglicht, an Zahl zuzunehmen und die Umwelt noch mehr zu dominieren. Aber Technologie reicht nicht aus. Der Einzelne muss auch dazu gebracht werden, für ein gemeinsames Ziel den eigenen Egoismus hintan zu stellen.

Wir können an dieser Stelle eine interessante Unterscheidung treffen: „Gut" und „Schlecht" im Sinne von „vorteilhaft" bzw. „nachteilig" auf der einen und „Gut" und „Böse" im Sinne eines moralischen Urteils auf der anderen Seite. Das erste Gegensatzpaar können wir der Gen-Selektion zuordnen – etwas ist gut im Sinne der Evolution, wenn es dem Überleben, der Fortpflanzung oder der Kinderbetreuung dienlich ist. Sex, Geld und Kindergärten sind im Sinne der Evolution positiv zu bewerten, also gut. Syphilis, Hunger und Ehemänner, die sich schon vor der Geburt eines Kindes aus dem Staub machen, sind definitiv schlecht, soweit wir den Fokus auf die Evolution der Gene legen.

Aber dieses Gegensatzpaar reicht nicht, um eine Gemeinschaft aufrecht zu erhalten, denn eine Gemeinschaft kann nur funktionieren, wenn der Egoismus des Einzelnen zurückgedrängt wird zugunsten des kooperativen Zusammenlebens. Dafür benötigen wir das Gegensatzpaar „Gut" und „Böse" mit einhergehend moralische Richtlinien.

Die Gruppenselektion selektiert Gene, die für das Soziale notwendig sind. Auch hier finden wir, wie beim Beispiel von Faustkeil und Hand, eine Koevolution von

Genen und Softgenen – Wir bringen die Anlage für kooperatives Handeln schon mit, wie ich noch ausführen werde. Die ausformulierten moralischen Gesetze werden als unsere Softgene tradiert.
Dawkins irrte, als er meinte, dass wir wenig Hilfe von unserer biologischen Natur erwarten könnten, wenn ein Einzelner wie er *eine Gesellschaft aufbauen möchte, in der die Einzelnen großzügig und selbstlos zugunsten eines gemeinsamen Wohlergehens zusammenarbeiten (*Dawkins 2008, S. 121). Die Evolution hat uns ein Gewissen mitgegeben, das uns Schuld und Scham verspüren lässt, wenn wir „unmoralisch" handeln, wir geraten in Wut über die, die Regeln verletzen, Moral und Tabus halten uns an, gesellschaftliche Normen einzuhalten. Unsere moralischen Empfindungen beziehen sich auf das Zusammenleben mit anderen, vor allem mit nichtverwandten Mitgliedern. Allerdings gelten sie auch leider nur, und das sei hier betont, innerhalb der eigenen Gemeinschaft.
Der Psychologe Jonathan Haidt vermutet, dass die menschlichen moralischen Urteile auf fünf universellen Säulen ruhen: Auf Fürsorge/Schädigung, Fairness/Betrug, Loyalität/Verrat, Autorität/Subversion und schließlich Heiligkeit/Erniedrigung. Dabei beruft sich Haidt auf die Gruppenselektion, bei der *die Angepasstheit von Individuen eng daran gekoppelt ist, wie Gruppen im Wettbewerb mit anderen Gruppen abschneiden (*Tomasello 2016, S. 214 ff.).
Viele unserer moralischen Verhaltensweisen können wir rational nachvollziehen, weil die Evolution einer inhärenten Logik folgt. Überall dort, wo die Umweltbedingungen hart waren, wie z.B. in der Tundra der Eiszeiten, wo der Jagderfolg auf Mammuts nur in der Gruppe gelingen konnte, waren Menschen auf Verhaltensstrategien zur Festigung des Gruppengefüges angewiesen. Sie waren es ebenso dort, wo Landwirtschaft und Tierhaltung politische Strukturen erforderten, damit sich alle an die Regeln hielten.

Kooperationsfähigkeit ist die Schlüsselkompetenz der menschlichen Spezies und Moral codiert die Verhaltensweisen, die notwendig für das Funktionieren der Kooperationen sind. Wir haben als Individuen ausgeprägte soziale und moralische Neigungen, weil eine gut funktionierende Gruppe in der Konkurrenz zu anderen Gruppen im Vorteil ist. Die Evolution hat uns für Kooperation trainiert, wir empfinden Kooperation als eine positive Handlung, und Konkurrenz sehen wir innerhalb einer Gemeinschaft dementsprechend tendenziell als negativ an.

Von Viren lernen

Der Mensch ist kein geborener Sünder, kein selbstsüchtiger Egoist, sondern in der Regel zu Kooperationen und zu Mitgefühl bereit. Aber wie entwickeln sich Kooperation und gemeinnütziges Verhaltens (Altruismus)? Warum schließen sich Menschen zu sozialen Einheiten zusammen, obwohl sie damit individuelle Autonomie aufgeben und bezüglich der Reproduktion ihrer eigenen Gene vordergründig Nachteile in Kauf nehmen? Beginnen wir zur Klärung dieser Frage weit in der Zeit zurück in der Entwicklung von Organismen.

Wenn wir an unseren Körper denken, denken wir an eine Einheit, an etwas, dass fest zusammenhängt. Ganz so ist es aber nicht. Abgesehen davon, dass der Körper aus mehr oder weniger autarken Zellen aufgebaut ist, die sich wiederum zu abgegrenzten Organen zusammengeschlossen haben, ist der Mensch auch ein ganzes Ökosystem auf zwei Beinen. In früheren Zeiten beherbergte der Mensch eine ganze Reihe von Parasiten – Amöben, Läuse, Flöhe und Würmer. Diese Zeiten sind dank der Hygienemaßnahmen und der modernen Medizin weitgehend vorbei – die Parasiten haben die evolutionäre Schlacht gegen den H. sapiens weitgehend verloren. Was aber sehr viel bedeutender in diesem Zusammenhang ist: Der Mensch ist ein Habitat für mindestens genauso vielen Bakterien, Viren und Pilzen, wie er selbst Zellen aufweist. Mit vielen davon lebt er in friedlicher Symbiose und ohne sie wäre ein Mensch vermutlich nicht lebensfähig. Der Mensch ist also genau genommen eine Kooperative sehr vieler verschiedener Einheiten. Aber warum entwickelte sich diese Lebensgemeinschaft?

Viren haben einen denkbar schlechten Ruf. Einerseits berechtigt, andererseits haben Viren als Motor der Evolution die Entwicklung der Lebewesen beständig vorangetrieben. Viren verbindet eine Millionen Jahre alte Wechselbeziehung mit dem H. sapiens und seinen Vorfahren, und dies offenbar nicht nur zum Nachteil der Menschheit: *Neben mehreren Prozent Viren-DNA im Erbgut trägt der Mensch auch einige von Viren eingeschleuste Gene, die etwa das Immunsystem unterstützen, in der Schwangerschaft helfen oder für das Gehirn wichtig sind (*Engeln 2020).

Viren sind in den meisten Fällen Parasiten und sie können dabei Krankheiten auslösen. Sie benutzen Zellen fremder Organismen, um sich zu vermehren. Das ist weder für die Viren noch für den befallenen Organismus die allerbeste Strategie, denn sie ist riskant: Der Organismus kann sein Immunsystem aktivieren und das Virus ausschalten. Das Virus kann den Wirt umbringen, bevor es einen neuen Wirt infiziert hat. Ist die Infektionskette unterbrochen, stirbt das Virus aus. Die Antwort auf dieses Dilemma ist: Kooperation. Und die geht so:

Manchen Viren gelang es, ihre Virus-DNA in die Eizellen einer Frau oder die Spermien eines Mannes einzuschleusen. Das ist für das Virus insofern optimal, als es sich nun nicht mehr selbst um die Verbreitung kümmern muss. Die Menschen übernehmen das mit ihrer eigenen Fortpflanzung für sie. Für das Virus bedeutet das, dass es ab sofort ein Interesse daran haben muss, seinen Wirt bei bester Gesundheit zu sehen. Denn nur das garantiert viele Nachkommen für den infizierten Menschen. Dieser Strategie verdanken wir z.B. die abschirmende Barriere, die das mütterliche Immunsystem daran hindert, zum Embryo vorzudringen und es anzugreifen. Die Gene, die dafür verantwortlich zeichnen, stammen ursprünglich von Viren und waren dafür verantwortlich, die Hüllenmembran des Virus mit der Zellmembran der Wirtszelle zu verbinden. Heute verbinden sie Zellen in der Plazenta.

Mittlerweile sind Hunderte von Genschnipseln bekannt, die einst zu Viren gehörten und eine neue Funktion übernommen haben: Manche produzieren Eiweiße, die für die Entwicklung des Embryos wichtig sind, andere unterstützen das Immunsystem oder verbessern die Leistung des menschlichen Gehirns. Letztlich haben sich also die eingeschleusten Viren von Krankheitserregern zu Helfern im Körper des Menschen gewandelt (Engeln 2020).

Wir können diese Argumentation noch etwas weiter treiben: Das Virus als Krankheitserreger ist zwar eine hässliche Begleiterscheinung unserer Welt, aber eine durchaus Notwendige. Viren helfen uns, unser Immunsystem weiter zu entwickeln. Betrachten wir es am Beispiel der Computerviren: Man stelle sich eine Welt ohne Hacker, ohne Schadprogramme wie Trojaner oder eben Computerviren vor. Und in dieser Welt würden sie heute vor ihrem Rechner sitzen, just in dem Moment, in dem ein begabter Programmierer einen ersten Computervirus auf die Welt losließe: Das Ergebnis wäre ein völliger Zusammenbruch der gesamten Informationstechnologie – eine Computerpandemie, vergleichbar einer Pestepidemie im Mittelalter. Da kein Computer auf ein Virus vorbereitet wäre, würden alle Opfer werden. Wir können die Hacker noch so sehr verfluchen, aber sie waren unverzichtbar für die Entwicklung halbwegs

sicherer Computersysteme. Man kann es überspitzt so formulieren: Die Computerhacker der Welt halfen maßgeblich mit, Windows zu entwickeln.
Es ist eine Sache des Blickwinkels. Und unter diesem Blickwinkel ist Kooperation die herausragende Eigenschaft und das am weitesten verbreitete Merkmal des Lebens auf dieser Erde. Im Extremen betrachtet können wir uns fragen, ob ein Löwe, der den Genbestand seiner Beutetiere zum Positiven hin beeinflusst, in dem er bevorzugt schwächere Tiere erlegt, mit seinem Beutetier kooperiert. Im Sinne der Gene tut er es, da er negative Mutationen eliminiert. Eine analytischere Betrachtung der Vorteile der Kooperation finden wir an späterer Stelle am Beispiel des Gefangenendilemmas.

Survival of the Friendliest

In der UdSSR betrachtet die kommunistische Führung die Evolutionstheorie als kapitalistische Lüge. Folgerichtig ist auch jegliche Genforschung verboten. Trotzdem macht sich der Genetiker Dmitri Beljajew und seine Assistentin Ludmila Trut auf, herauszufinden, wie sich die Domestizierung auf das Aussehen und die Intelligenz von Wildtieren auswirken würde. Ihr Studienobjekt wird der Silberfuchs, ein äußerst aggressiver Zeitgenosse. Das Züchtungsziel, nach dem selektiert wird, ist einzig und allein: „Freundlichkeit". Zur Weiterzucht werden stets die „freundlichsten" Füchse ausgesucht. Bereits nach vier Generationen wedelt der erste Fuchs mit dem Schwanz, in späteren Generationen zeigen sich auch die übrigen Merkmale von Haustieren: eine verkürzte Schnauze, weiße Flecken im Fell. Die Knochen werden dünner und Männchen und Weibchen gleichen sich in ihrer Größe an. Den Grund dahinter sehen Beljajew & Trut im veränderten Hormonhaushalt der auf Freundlichkeit gezüchteten Silberfüchse. Sie produzieren weniger Stresshormone und statt dessen mehr Serotonin (- ist für die Glücksgefühle zuständig) und Oxytocin (- ist als Bindungshormon bekannt). Und überraschender Weise stellt sich nach Untersuchungen des Anthropologen Brian Hare heraus, dass die freundlichen Silberfüchse auch bei dem Merkmal Intelligenz besser abschneiden, als ihre wilden Vettern: *Wenn man einen intelligenten Fuchs will, selektiert man nicht nach Schlauheit, sondern nach Freundlichkeit* (Bregman 2020, S. 83 ff.). Bonobos (Pan paniscus) ähneln in vielerlei Hinsicht jugendlichen Schimpansen (Pan troglodytes). Sie haben kleinere Schädel, kleinere Zähne, ein kleineres Gesicht, und sie spielen gerne und sind sozialer. Der wesentliche Unterschied zu den Schimpansen ist neben dem jugendlichen Aussehen der Bonobos ihre Freundlichkeit. Brian Hare glaubt, die Bonobos haben sich selbst domestiziert (Rauner 2016).

Als Forscher die Schädelstrukturen von Menschen der letzten 200.000 Jahre untersuchen, ergibt sich auch hier ein deutlicher Trend, der sich noch deutlicher zeigt, als vor 50.000 Jahren der Mensch anfängt, verstärkt Kultur zu produzieren: Zähne und Kieferknochen werden kindlicher, das Gesicht insgesamt jugendlicher und femininer, und – ja – das Gehirnvolumen schrumpfte um ca. 10 Prozent. Während dessen wird die Umwelt für unsere Vorfahren immer komplizierter. Ein Grund für die Domestizierung des H. sapiens mag der Folgende sein: Wenn die Fürsorge für Kinder immer aufwändiger wird, werden diejenigen Männer für Frauen attraktiver, die statt Kampfeskraft Versorgungsqualitäten mitbringen. Es führt zu einer Art Zähmung des männlichen Geschlechtes, wenn die sexuelle Auslese Männer bevorzugt, die weniger aggressiv mit anderen Männern um Frauen konkurrieren, aber dafür ihre Vaterrolle liebevoller ausfüllen (Cristakis 2019, S. 210).

Der amerikanische Anthropologe Chris Boehm beschreibt, wie brutale Kriminelle in einer Jäger-Sammler-Gemeinschaft von einem ausgesuchten Mitglied mit einem Pfeil getötet werden (de Waal 2015, S. 240). Nicht viel anders funktioniert auch heute noch die Justiz, auch wenn Todesstrafen langsam – und Gott sei Dank – aus der Mode kommen. Wenn wir uns vorstellen, dass bestrafende Verhaltensweisen gegenüber zu aggressiven Mitgliedern einer Gruppe über Hunderttausende von Jahren gepflegt werden, wird klar, dass sich friedfertigere Individuen allmählich genetisch durchsetzen. Faszinierend an diesem Beispiel ist nebenbei, wie die Menschheit mit solchen kulturellen Verhaltensweisen die eigene genetische Entwicklung selbst in die Hand nimmt.
Wir ähneln dem Neandertaler etwa so, wie der Hund dem Wolf ähnelt. Und wenn wir uns fragen, warum wir heute Museen bauen, in denen Neandertaler ausgestellt sind, und nicht umgekehrt, dann mag das daran liegen, dass nicht der Kräftigere, sondern der Freundlichere das evolutionäre Rennen gewonnen hat.

Monogamie

*Im natürlicheren Lebensraum der Tiere kommt es vor allem während der Fortpflanzungszeit zu sozialer Instabilität, und damit einher geht häufig ein hohes Maß an sozialem Stress (*Sachser 2018, S. 51). Am Anfang der Menschwerdung steht eine Wende im Geschlechterverhältnis. Konkurrenz und Aggression zwischen Männchen verringern sich schon früh in der Evolution des Menschen, wie die Verkleinerung der Eckzähne unserer Vorfahren nahelegen (Fischer 2021). Die Einordnung des Individuums in die Gesellschaft treibt uns Menschen dahin, uns innerhalb unserer Gemeinschaft friedlicher zu organisieren. Der Druck, in der Gruppe zu kooperieren, muss dann den

Konkurrenzkampf unter den Männern um die Frauen in den Hintergrund drängen. Die Konkurrenz vermindert sich, weil die monogame Ehe zum Standard wird. Besonders diese Form des Zusammenlebens erweist sich als Erfolgsmodell nicht nur in Bezug auf das friedliche Zusammenleben zwischen Männern: Die vielversprechendste Entdeckung der Soziobiologie, so meint die amerikanische Anthropologin Sarah Hrdy, sei: *dass sich die Monogamie im Verlauf der Evolution als wirksames Mittel gegen all die gemeinen Tricks erwiesen hat, mit denen die Geschlechter einander ausnutzen (*Hrdy 2000, S. 274). In monogamen Gesellschaften gehen Gewalt und Verbrechen zurück, und das wiederum *könnte mit dem Rückgang des Testosterons zusammenhängen*, das bei Männern mit Gewaltbereitschaft und Risikofreude assoziiert wird (Chrsitacis 2019, S. 425). Damit wäre die Monogamie eine der Entwicklungsstufen, über die sich die Menschheit selbst zur Friedfertigkeit hin erzieht. Und sie schafft so ein solides Fundament, auf das kooperatives Verhalten aufbauen kann.

Altruismus und Kooperation

Das Gegenteil von Egoismus ist der Altruismus. Er drückt sich durch Uneigennützigkeit und Rücksichtnahme aus. Insbesondere gelten Handlungen als altruistisch, wenn ein Mensch einem anderen hilft, ohne dadurch direkt einen Vorteil zu erlangen. Für den Verhaltensforscher Frans de Waal ist *die mütterliche Fürsorge zumindest bei Säugetieren ein Prototyp von Altruismus*, denn deren Brutpflege ist die *kostspieligste und längste Investition in anderes Wesen, die es in der Natur gibt (*de Waal 2015, S. 73 f.).
Nicht nur das Kind, auch die Mutter profitiert im Sinne der Evolution – mütterliche Fürsorge hilft, die mütterlichen Gene zu verbreiten. Und das führt uns zu einer weniger weit reichende Form des Altruismus, zu seiner reziproken Variante. Damit ist ein Akt des Helfens gemeint, der uns kurzfristig teuer zu stehen kommt, sich aber auf längere Sicht für uns auszahlt. Wie beim Gefangenendilemma gilt: Man sieht sich im Leben immer zweimal, wer langfristig denkt, wird mehr Gewinn einfahren. Anfänge davon finden wir z.B. im Vogelformationsflug. Zugvögel wechseln sich bei der energieaufwändigen Führungsarbeit im V-Formationsflug ständig an der Spitze ab. Die dahinter fliegenden Vögel profitieren vom Aufwind des Flügelschlages des vor ihnen fliegenden Vogels. *Der Flug in V-Formation ist nicht nur ein überzeugendes Beispiel für wechselseitigen Altruismus bei Tieren, sondern liefert auch Hinweise auf die Umstände, unter denen er sich evolutionär durchgesetzt haben könnte (*Merlot 2015). Jedes einzelnes Tier profitiert von der gemeinsamen Kooperation.
Charakteristisch für höhere wechselseitige Formen des Altruismus ist, dass zwischen Geben und Nehmen ein

größerer Zeitraum besteht. Zunächst profitiert nur der Nehmende. Gleichwohl wird eine Einlösung der daraus entstandenen Verpflichtung erwartet. Dies setzt voraus, dass wir wissen, wem wir helfen und dass wir darauf vertrauen, in einem ähnlichen Fall unsererseits Unterstützung zu erhalten (Ridley 1997, S. 224 ff.). Ein Individuum muss erkennen können, wer überhaupt zu seiner Gemeinschaft gehört, denn Fremde sieht man möglicher Weise nie wieder und erhält dann keine Gegenleistung. Wir sehen bereits hier einen ersten leisen Anflug von Rassismus!

Der reziproken Altruismus ist ein Grundpfeiler unserer Kultur, nehmen wir als Beispiel den Geldkreislauf: Ich leiste eine Arbeit, von der andere profitieren und bekomme dafür Geld. Diese an sich wertlosen Papierschnipsel beinhalten eine Verpflichtung, ich kann sie gegen eine Hilfeleistung eintauschen. Ein Dachdecker repariert mir ein Loch im Dach, da das Dach undicht ist – es regnet rein. Dafür gebe ich dem Dachdecker das Geld. Der Dachdecker kann es nun seinerseits gegen eine Hilfeleistung eintauschen. Geber und Nehmer sind dabei in einer wirtschaftlichen Gemeinschaft verbunden, in der letzlich eine strikte Form der Reziprozität, gilt: die Gleichwertigkeit der verschiedenen Arbeiten.

Adam Smith erhob in seinem 1776 erschienenen Buch „Wealth of Nations" den Egoismus des Einzelnen zum Leitprinzip der Gesellschaft. Aber gerade Egoisten müssen auf moralisches Verhalten bestehen, weil sie sonst den Nutzen verlieren, der ihnen aus den Vorteil des reziproken Altruismus erwächst. Letztlich muss sich die daraus resultierende Kooperation für ein Individuum lohnen, sonst wären immer diejenigen im Vorteil, die sich unkooperativ verhalten. In der menschlichen Gesellschaft sind Kooperation und Tugendhaftigkeit nicht aufgrund einer von einer Gottheit eingeforderten Moral entstanden, sondern die Moral resultiert aus der konsequenten Verfolgung individualistischer Ziele. Weil der reziproke Altruismus beim Aufbau einer kooperativen Gemeinschaft eine bedeutende Rolle spielt, besteht gleichzeitig ein beträchtlicher Selektionsdruck dahingehend, Betrüger, die ihren Anteil an der wechselseitigen Hilfeleistung nicht erfüllten, zu entlarven und zu sanktionieren (Sapolski 2017, S. 419). Aller Anfang ist schwer! Wie also fing die menschliche Gemeinschaft an, sich kooperativ zu verhalten?

Das Gefangenen-Dilemma

Ökonomie und Ökologie sind beileibe keine Gegensätze. Vielmehr ist die Biologie das ultimative Beispiel für einen effizienten Einsatz von Ressourcen für den optimalen Ertrag – über hunderte von Millionen Jahren verbessert und erprobt.
Mathematiker fragten sich lange, nach welcher Logik funktioniert eine Ökonomie. Sie stoßen dabei auf das sogenannte „Gefangenen-Dilemma", das hier weitgehender als Paradigma für jede Art der Entscheidung zwischen Kooperation und Treuebruch angesehen wird (Axelrod 1984). Kooperation wiederum ist essentiell für das Überleben von Gruppen im Sinne der Gruppenselektion (vgl. im folgenden auch: Manzel 2002, S. 242 ff.) Das Gefangenen-Dilemma geht auf das folgende Gedankenexperiment zurück: Zwei Gefangene, die für dasselbe Delikt angeklagt sind, werden vor die Wahl gestellt, jeweils gegen den anderen auszusagen. Beide vereinbaren, ehe sie in unterschiedliche Zellen gesteckt werden, nichts zu verraten. Da es ein Spiel ist, verteilten die Mathematiker die folgenden Punkte: Halten sich beide an die Absprache, kann der Staatsanwalt sie lediglich für längere Zeit in Untersuchungshaft halten. Dann kommen beide aus Mangel an Beweisen frei. Ein Freispruch zweiter Klasse (= 1 Jahr Haft). Belasten sich

beide gegenseitig, werden beide verurteilt. Aber sie können nur wegen Beihilfe verurteilt werden, weil nicht klar ist, wer nun „geschossen" hat. Sie bekommen keine so hohe Strafe (= 3 Jahre Haft). Beschuldigt aber der Gefangene A den Gefangenen B und der Gefangene B schweigt, so wird A als Kronzeuge freigelassen und B zur Höchststrafe (= 5 Jahre Haft) verurteilt. Die Frage ist also, ob man sich an die Absprache halten, also kooperieren oder den anderen beschuldigen, also betrügen soll?

Dieses Spiel wird 1950 von Merril Flood und Melvin Dresher von der kalifornischen RAND-Kooperation in die Wissenschaft eingeführt. Die Mathematiker finden für dieses Dilemma zunächst nur die eine Antwort: Die einzig sinnvolle Entscheidung ist, den anderen zu beschuldigen, sich also nicht an die Absprache zu halten! Beschuldigt der andere nämlich Sie, so bekommen Sie höchstens drei Jahre Haft, wenn Sie ihn auch beschuldigen. Schweigt der andere, so werden Sie freigesprochen, wenn Sie ihn beschuldigen. Wie immer der andere sich entscheidet, immer stehen Sie besser da, wenn Sie den anderen betrügen. Da Ihr Mitgefangener dieselben Überlegungen anstellt, wird er zum selben Ergebnis kommen und umso dümmer wäre es, zu kooperieren.

Die Mathematiker kommen also zunächst zu demselben Ergebnis wie die Biologen in ihrer Evolutionstheorie: fressen oder gefressen werden – betrügen statt kooperieren ist die einzige mögliche Strategie. Diese Lösung des Gefangenen-Dilemmas: „betrüge immer" gilt für fast dreißig Jahre als die einzig „rationale" in der Spieltheorie, obwohl es einen ernsthaften Einwand gibt: Lässt man zwei Spieler dieses Spiels mehrere Male wiederholen, so versuchten sie häufig, sich kooperativ zu verhalten. Die Experten ziehen den Schluss, dass diese Spieler sich dumm verhalten: Sie seien schlichtweg strategisch nicht genug versiert. Was die Experten übersehen, ist, dass ein optimales

Verhalten, ausgerichtet auf ein kurzfristig erreichbares Ziel, nicht notwendig auch langfristig vorteilhaft ist. Ein anderes Beispiel: Ein Leuchtturm gestattet es allen Schiffen, in der Nacht in den Hafen zu finden. Jeder Kapitän hat also einen Vorteil vom Bau eines Leuchtturms. Er kommt aber auch in den Genuss seines weisenden Lichtes, wenn er sich selbst nicht an den Kosten beteiligt. Jeder hat also ein Interesse daran, dass alle anderen für den Bau Geld bereitstellen, er selbst aber möchte sich drücken. Dies ist nichts anderes als das Gefangenen-Dilemma, bezogen auf öffentliches Eigentum. Und weil jeder so denkt, dass er selbst nur Nutzen, aber keine Kosten haben möchte, kann kein Leuchtturm gebaut werden. Er wird aber trotzdem gebaut!

Als mit der Verfügbarkeit von Computern das Gefangenen-Dilemma beliebig häufig und mit unterschiedlichen Variationen durchgespielt werden kann, gerät die Überzeugung der Spieltheoretiker endgültig ins Wanken. Zur großen Überraschung gewinnt nicht das Programm, das stets betrügt, sondern ein Programm, das der Mathematiker und Biologe Anatol Rapoport schreibt. Es verfolgte die Strategie „Wie-du-mir-so-ich-dir". Im ersten Zug biete ich Kooperation an, danach wiederhole ich jeweils den Zug, den der andere im Spiel davor gewählt hat. Robert Axelrod erklärt den Erfolg dieser Taktik mit ihrer Kombination aus Freundlichkeit, Vergeltung, Vergebung und Klarheit: *Die freundlichen Merkmale des Programms verhindern unnötige Schwierigkeiten. Seine Fähigkeit zur Vergeltung entmutigt den Gegner, sobald er betrügt. Dadurch, dass das Programm vergibt, hilft es, die Zusammenarbeit wieder aufzunehmen. Und seine Einfachheit erleichtert es dem anderen Spieler, es zu durchschauen, was einer langfristigen Kooperation förderlich ist* (Axelrod 1984).

Draufgänger und Hasenfüße

Das Gefangenen-Dilemma ist ein Grundthema in allen Situationen, in denen Mitglieder einer Gemeinschaft aufeinandertreffen. Nehmen wir ein Beispiel dazu aus dem Reich der Biologie: Wir stellen uns eine Population Geier vor, die an einem toten Gnu aufeinandertrifft. Wir unterscheiden nun die Draufgänger und die Hasenfüße. Draufgänger streiten sich solange um das Aas, bis sie den Konkurrenten verjagt haben. Sie können sich dabei ernstlich verletzen, sie riskieren also stets einen sogenannten Beschädigungskampf. Hasenfüße bestreiten dagegen nur Scheinkämpfe. Sie drohen nur ein bisschen, schätzen ein, ob der andere stärker oder schwächer ist, und dann gibt der vermeintlich Schwächere nach und trollt sich. Hasenfüße lassen sich auf keinen Kampf ein. Es gibt folgende Punkte: |50| für das Aas, |0| fürs Weglaufen, |-10| für den energetischen Aufwand, den ein Scheinkampf mit Aufplustern und Drohgebärden bedeutet und |-100| für einen Beschädigungskampf, aus dem keiner der beiden Kombattanten ungerupft hervorgehen kann. Die Anzahl der errungenen Punkte stellt ein Maß für den Erwerb von Nahrung und damit letztlich für den Fortpflanzungserfolg dar.

Unter diesen Voraussetzungen zeigt sich, dass reine Hasenfuß-Gesellschaften ebenso wie reine Draufgänger-Gesellschaften sich nicht entwickeln können. Bei den Hasenfüßen würden alle von der Friedfertigkeit profitieren, Jeder in der reinen Hasenfuß-Gesellschaft würde mal |40| Punkte, mal |-10| Punkte einfahren. Im Mittel sind das |15| Punkte. Das Leben wäre kärglich aber auskömmlich für alle. Aber diese Gesellschaft ist ständig durch Draufgänger bedroht. Der Draufgänger gewinnt jedes Mal |50| Punkte, ohne gegen die Hasenfüße eine Verletzung zu riskieren. Denn Hasenfüße scheuen den Kampf. Der

Draufgänger würde fett werden, während die Hasenfüße hungern würden.

In einer reinen Draufgänger-Gesellschaft gäbe es bei jedem Gewinn zwar auch |50| Punkte, aber im Durchschnitt verliert ein Draufgänger jedes zweite Mal. Dabei trägt er Verletzungen davon: |-100| Punkte. In einer reinen Draufgänger-Gesellschaft ergibt das einen durchschnittlichen Gewinn von |-25| Punkten. Jeder Hasenfuß stünde, selbst wenn er jedes Mal wegliefe, mit |0| Punkten weit besser dar.

Scheinkämpfe sind im Tierreich weit verbreitet. Allerdings muss jedes Tier im Zweifelsfall auch den Beschädigungskampf beherrschen. Andernfalls würde das erste Individuum, das zum Beschädigungskampf fähig ist, sämtliche sich ihm in den Weg stellenden Scheinkämpfer besiegen.

Die Spieltheorie zeigt, dass, wenn ein Spiel oft genug gespielt wird, die Freundlichkeit über die Hinterhältigkeit siegt. Die Wahrscheinlichkeit der Kooperation erhöht sich mit der Anzahl der Interaktionen. Die „Wie-du-mir-so-ich-dir"-Strategie wirkt dabei wie eine Barriere für betrügerische Strategien, und drängt diese in einer Gesellschaft zurück. Sie ist notwendig, um noch großzügigere Strategien das Überleben gegenüber den hinterhältigen Strategien zu ermöglichen. Gibt es keine betrügerischen Strategien, verliert „Wie-du-mir-so-ich-dir" gegenüber altruistischeren Strategien. Karl Sigmund bezeichnet daher die „Wie-du-mir-so-ich-dir"-Strategie als den Angelpunkt der Evolution, sie ist aber nicht deren Zielpunkt (Sigmund 1997, S. 307).

Kleine Kinder, schreibt der Psychologe William Damon, glauben an die Verpflichtung zum Teilen. Kinder finden dergleichen im gemeinsamen Spiel heraus. Sie lernen, dass sie Schwierigkeiten bekommen, wenn sie ungerecht handeln (Damon 1999, S. 68). Das zeigt, dass die Rechenbeispiele der Mathematiker bezüglich des Gefangenendilemmas sich tief im

Gefühlsinventar von uns Menschen widerspiegeln.
Noch klarer wird das, wenn wir uns die Theorie von
Michael Tomasello dem Direktor des Max-Planck-
Instituts für evolutionäre Anthropologie in Leipzig über
die Entstehung der menschlichen Kooperation
anschauen werden. Jeder Mensch verfügt über eine
Bestandsliste von Gefühlen, in der Freundschaft,
Mitgefühl und Hilfsbereitschaft aufgelistet sind, aber
wir reagieren mit Wut auf Menschen, die unsere
Kooperationswilligkeit ausnutzen wollen.
Eine bittere Erkenntnis aus dem Gefangenendilemma
ist, dass reiner Pazifismus nie eine Option ist: Der
Krieg von Putin gegen die Ukraine hat uns das deutlich
vor Augen geführt.

Freundschaft

Unsere Freundschaft mehrt unsere Kräfte, erzählt bereits das Gilgamesch-Epos. Freundschaften zu unterhalten wird in der menschlichen Entwicklung so zentral. dass die menschliche Neigung zur Freundschaft in unsere Gene eingeschrieben wird (Christakis 2019, S. 274). Denn Freundschaft ist erstaunlich nützlich. Sie ermöglicht Kooperation zwischen nicht verwandten Individuen. Zwei schwächere Individuen können ein Individuum übertrumpfen, das stärker als jedes einzelne von ihnen ist, wenn sie sich verbünden und geschickt agieren. Leider beinhaltet Freundschaft auch sein Gegenteil: Feindschaft.
Freundschaften pflegen nicht nur Menschen. Auch Schimpansen, Elefanten und Delfine schließen sie. Die männlichen Delfine vor der Westküste Australiens leben in Zweier- oder Dreiergruppen und rauben, wenn ein Weibchen paarungsbereit ist, dieses aus ihrem Schwarm. Sie kontrollieren dann das Weibchen und begatten es, solange es brünstig ist. Die Männerfreundschaft macht Sinn, denn allein kann kein Delfinmännchen ein Weibchen kontrollieren. Zu zweit ist die Chance für jedes Männchen immerhin noch fifty:fifty, der Vater des Nachwuchses zu werden. Mitunter kommt es vor, dass ein Zweierbund sich die Hilfe eines weiteren Zweierbundes sichert, um eine Gruppe von Männchen zu überfallen, die gerade ein brünstiges Weibchen begleiten. Zu viert sind sie überlegen, und das stehlen des Weibchens wird zu einem Kinderspiel. Die Helfer ziehen sich nach dem Überfall zurück und überlassen das Weibchen den beiden Delfinen, die sie um Hilfe gebeten haben. Solche Verhaltensweisen können sich nur herausbilden, wenn die „Freunde" verlässlich sind. Denn

Freundschaft setzt voraus, dass man darauf vertrauen kann, in einem ähnlichen Fall seinerseits Unterstützung zu erfahren (Ridley 1997, S. 224 ff.).

Wir

Michael Tomasello schlägt neben dem reziproken Altruismus einen weiteren Mechanismus vor, der uns zu kooperierenden, mitfühlenden Wesen innerhalb einer Gruppe macht. Schimpansen jagen gelegentlich kleinere Affen und teilen anschließend die Beute. Dabei sind einige Dinge bemerkenswert: Zunächst einmal sind die Schimpansen (1) nicht auf diese Nahrung angewiesen, ihr Jagdglück ist also nicht existenziell für sie. Dann (2) wählen Schimpansen nicht ihre Jagdgefährten aus, sondern ein Schimpanse beginnt die Jagd und andere schließen sich an. Dabei möchte jeder Affe die Beute für sich erhaschen. Anschließend gibt der erfolgreiche Jäger von seiner Beute ab, wobei (3) auch Trittbrettfahrer, also Schimpansen, die sich nicht an der Jagd beteiligt haben, etwas abbekommen können (Tomasello 2016, S. 214). Im Gegensatz zu Schimpansen werden für die Frühmenschen die (1) gemeinschaftliche Jagd existenziell und damit bekommt (2) die Wahl der Jagdpartner eine immer größere Bedeutung: Es kommt nicht nur auf die Geschicklichkeit der Jagdgefährten an, sondern auch darauf, wie die Beute anschließend verteilt wird. Ein Gefährte, der einen zu großen Beuteteil beansprucht, oder sich gleich mit der ganzen Beute davonmacht, ist ein schlechter Gefährte. Nur wer klug seine Jagdkameraden wählt, isst auch gut und gibt seine Gene weiter. Und schließlich entsteht dadurch auch (3) eine Aversion gegen Trittbrettfahrer. Unsere Vorfahren werden vor *mindestens 400.000 Jahren in eine ökologische Nische der obligaten gemeinschaftlichen Nahrungssuche gezwungen, wodurch die Individuen im Hinblick auf ihr Überleben stark wechselseitig voneinander abhängig* werden, sich also der reziproke Altruismus stärker entwickelt (Tomasello 2016, S. 219). Als dann verschiedene Kulturgruppen anfangen, miteinander zu konkurrieren, fördert die Selektion eine Gen-Softgen-Koevolution bezüglich unserer Neigung, uns moralisch zu verhalten. Denn im Wettbewerb von Gruppen gewinnen diejenigen einen Vorteil, deren Individuen prosoziale oder moralische Neigungen zeigen (Tomasello 2016, S. 214). Das Bestreben, in wechselseitiger friedlicher Eintracht mit anderen zu leben, wird zur Fortsetzung des Strebens nach Selbsterhaltung (Hrdy 2010, S. 18). Die Frühmenschen brauchen für die Jagd eine Strategie und müssen arbeitsteilig vorgehen. Das Neue dabei ist die Entstehung eines echten, vom „Ich" abgelösten „Wir". Bei der Jagd gibt es verteilte Rollen, etwa die Rolle, das Wild zuzutreiben und die, zu lauern und zu erlegen. Jeder weiß vom Anderen um die Aufgabe und im Prinzip kann auch jeder jede Rolle ausfüllen. Damit aber kann auch jeder beurteilen, wie gut jemand seine Sache macht. Auch sich selbst gegenüber kann man die Qualität der eigenen Anstrengungen, bezogen auf die eigene ausgeübte Rolle, bewerten. Es entwickeln sich als moralische Grundgefühle Schuld und Scham bei denjenigen, die sich nicht anstrengen. Aber es entsteht auch da Gefühl der Wut über diejenigen, die sich nicht an der Jagd beteiligen.

Vor allem aber wird der Jagderfolg „unser" Erfolg und nicht „mein" Erfolg. Und damit wird jeder in der Jagdgemeinschaft wichtig. Denn nur ein kräftiger und gesunder Jagdpartner ist auch ein guter Jagdpartner. Das Wohlergehen der Anderen und damit die Fähigkeiten, Mitgefühl zu empfinden und Hilfe zu gewähren, werden so zu wichtigen Selektionsfaktoren. Aus der Logik der gegenseitigen Abhängigkeit heraus folgt, dass wir uns alle umeinander kümmern müssen: Da ich dich brauche, liegt es in meinem Interesse, für dein Wohlergehen zu sorgen. Ein deutlicher Hinweis auf unser Mitgefühl in dieser Hinsicht ist, dass in fast jeder Gesellschaft die Heilkunde eine hochgeschätzte Tradition ist.

Im Gegensatz zur Theorie über den Altruismus, bei dem der Fokus auf der Vergangenheit und auf früher erwiesenen Wohltaten liegt, die zurückgeleistet werden müssen, zielt diese Interdependenz-Hypothese auf die Zukunft: Menschen investierten in das Wohlergehen ihrer Gruppenmitglieder, weil sie von ihnen abhängig sind bei der Jagd oder in anderen Situationen der überlebensnotwendigen Arbeitsteilung innerhalb der Horde. Wer für das Wohl der Gemeinschaft sorgt, sorgt für eine fittere Gemeinschaft und damit für einen Wettbewerbsvorteil gegenüber weniger kooperativen Gemeinschaften. Und das zahlt sich schließlich durch eine höhere Nachkommenschaft aus.

Die Koevolution zwischen Genen und Softgenen ist offensichtlich: Die Fähigkeit für diese Gefühlsregungen müssen genetisch im Gehirn angelegt, passende Rollenideale zur Arbeits- und Ressourcenteilungen müssen als Kulturgüter tradiert werden. Aus Horden von Vormenschen werden auf diese Weise nach und nach Gemeinschaftsunternehmen. Diese Horden gehen gemeinschaftlich auf Nahrungssuche, ausgerichtet auf das kollektive Ziel des Überlebens der Gruppe. Dabei hat jedes Individuum seine arbeitsteilige Rolle zu spielen, einschließlich der Rolle, ein kompetentes und loyales Gruppenmitglied zu sein. Innerhalb der Gemeinschaften, die dieselben kulturellen Güter teilen, gibt es *einen Selektionsdruck in Richtung Imitation und Konformität (*Tomasello 2016, S. 217).

Durch die Anpassung an die Gesellschaft erwirbt der Mensch eine soziale Ausstattung, die vor allem diese Punkte umfasst: (1) eine persönliche Identität zu haben und diese in anderen zu erkennen, (2) Liebe zu Partnern und Kindern, (3) Freundschaft, (4) soziale Netzwerke, (5) Kooperation, (6) Begünstigung der eigenen Gruppe,

(7) schwache Hierarchien (beziehungsweise relative Gleichheit), (8) soziales Lernen und Lehren (Christakis 2019, S. 35). *Die Universalien der sozialen Ausstattung – die durch die natürliche Auslese hervorgebracht und in unsere Gene eingeschrieben ist – sind nicht einfach nur Tatsachen, sondern sie sind die Quelle unseres Glücks. Sie sind wesentlich, wenn wir entscheiden wollen, welche Formen des gesellschaftlichen Zusammenlebens für uns Menschen überhaupt geeignet sind (*Christakis 2019, S. 449). Als Partner werden vorrangig diejenigen ausgewählt, die sich als kompetent und kooperativ erwiesen haben. Umgekehrt ist es auch für das Individuum selbst eine Sache von Leben und Tod, wie die anderen einen sehen. *Schon Schimpansen meiden systematisch Partner, mit denen sie zuvor bei gemeinschaftlichen Aufgaben Misserfolge erlitten haben (*Tomasello 2016, S. 94). Menschen gehen sogar noch deutlich darüber hinaus: Die Ablehnung von unfreundlichem Verhalten bei Menschen scheint einzigartig unter Primaten zu sein. *Menschen bestrafen Fehlverhalten, indem sie den Grobian, Miesepeter oder Verbrecher aus ihrer Gemeinschaft verbannen. Bereits die Furcht vor der sozialen Isolation führt dazu, dass sich Menschen generell kooperationsbereit zeigen – sogar vollkommen Fremden gegenüber (*Charisius 2018). Aus dieser Gemengelage heraus entstehen letztlich unsere moralischen Qualitäten: Aufrichtigkeit und Fairness, Schuld und Scham, Kooperationswille, Mitgefühl und Hilfebereitschaft, aber auch die Wut auf Trittbrettfahrer. All das sind Gefühlsregungen, die im Zuge der Entwicklung der kooperativen Nahrungsbeschaffung bei den Frühmenschen entstehen. Wir sehen eine deutliche Ähnlichkeit mit der Spieltheorie, wo sich kooperatives Verhalten zwar als überlegen zeigt, aber nur, wenn man sich gegebenenfalls auch wehren kann, wenn man ausgenutzt wird.

Das Wir-Gefühl konstituiert sich über die gemeinsam geteilten Werte. *Wir besitzen Normen für eine immense Zahl von Kategorien und diese Normen bilden den Hintergrund für das sofortige Erkennen von Anomalien* (Kahneman 2011, S. 99 f.). Anhand von Normen identifizieren wir Vertrautes oder Fremdes, wer zu uns gehört, oder gegen den wir kämpfen müssen. Leider fängt das „anders Sein" bereits da an, wo wir anderer Meinung sind.

Aufrichtigkeit und Verlässlichkeit

Fairness und Gerechtigkeit sind entwicklungsgeschichtlich uralte Handlungsoptionen. Wir finden sie schon bei Caniden, Kapuzineraffen und Schimpansen – alles drei Tierarten, die gemeinschaftlich jagen. Hunde verweigern, „die Pfote zu geben", wenn sie beobachten, dass ein anderer Hund für denselben Trick eine Belohnung bekommt. Kapuzineraffen reagieren verärgert, wenn sie sehen, dass sie selbst mit einem Gurkenstückchen abgespeist werden, ein Artgenosse aber mit einer Weintraube belohnt wird – offensichtlich fordern sie: gleichen Lohn für gleiche Arbeit: Weintrauben sind einfach leckerer als Gurkenstücke (de Waal 2015, S. 313 ff.). In einer Gemeinschaft sorgt der Sinn für gerechte Vergütung dafür, dass Anstrengungen fair belohnt werden, was für eine dauerhafte Kooperation äußerst wichtig ist. Ein Jagdgefährte, der sich immer die besten Fleischstücke wegschnappt, wird bald allein jagen müssen. Allein wird er aber weniger oder gar kein Jagdglück mehr haben.

Freundschaften zu schließen, statt sich gegenseitig zu tyrannisieren, ist eine wichtige Überlebensstrategie. Wir müssen erkennen können, ob unsere „Freunde" verlässlich sind, also in der Regel weder lügen noch betrügen und den reziproken Altruismus mit seinen

Verpflichtungen ernst nehmen, oder ob uns jemand betrügen will. Die Signale dafür sind so wichtig, dass die Evolution in uns eine Universalgrammatik der Mimik und Gestik entwickelt hat, die unwillkürlich gesteuert wird und die wir in allen menschlichen Gesellschaften wiederfinden. Wir sind keine „Lügner per definitionem", wie der Kirchenlehrer Augustinus behauptet (Godman 2001, S. 64). Zu lügen erzeugt in uns körperliche Reaktionen, z.B. die des Errötens und das macht eine Lüge für alle sichtbar. Das Erröten ist unabhängig von unserer bewussten Steuerung und von kulturellen Einflüssen. Und das ist nicht das einzige Signal: Das Weiß in den Augen von uns Menschen ist einzigartig in der Welt der über 200 Primatenspezies. Alle Primaten außer uns produzieren den Pigmentstoff Melanin, der ihnen ihre Pupillen verdunkelt. Auf diese Weise verschleiern alle Primaten, wohin sie gucken, wie Mafiosi es mit Hilfe ihrer Sonnenbrillen tun. Menschen dagegen haben kein Pokerface, ihre Emotionen treten offen zu Tage (Bregman 2019, S. 91). Wir müssten das Gegenteil erwarten, wenn Täuschung eine vorteilhafte Handlungsoption wäre.
Aufrichtigkeit und Verlässlichkeit sind in jeder Gemeinschaft von großer Bedeutung, *denn bei Vertrauensschwund*, so meint Chip Walter, *fällt die Gruppe auseinander und statt Sicherheit in der Menge, herrschen bald Chaos und das Prinzip jeder für sich (*Walter 2008, S. 182). Solche Horden wurden früher schnell von besser kooperierenden Horden verdrängt. Das Vertrauen in den Anderen wird mindestens durch zwei weitere Elemente gewährleistet: (1) Klatsch und Tratsch etablieren einen „guten" oder eben nicht so guten Ruf in einem Beziehungsgeflecht. Reputation hilft uns in einer anonymen Gruppe, zu entscheiden, ob wir kooperieren können und wollen (2) Altruismus zahlt sich in der Gesellschaft durch einen Statusgewinn (Prestige) aus, er muss also nicht direkt vergolten werden, sondern ist in einer Gemeinschaft schon ein

erstrebenswerter Wert an sich. Wohltaten sollten lieber nicht erwidert als nicht erwiesen werden, wusste schon der Römer Seneca: Non respondeant potius quam non dentur. Genauer: Gute Taten sollten vor Publikum erwiesen werden bzw. öffentlich werden. Nur dann gewinnt ein Individuum Prestige. Sind wir unbeobachtet, neigen wir eher zu egoistischem Verhalten (Anhäuser 2007, S. 40).

Die Anderen

Das also ist die Sonnenseite der menschlichen Entwicklung, sie führt unsere Vorfahren zur Kooperation und Freundschaft und macht uns ganz allgemein zu mitfühlenden Wesen, auch gegenüber nichtverwandten Gruppenmitgliedern. Leider ist da auch tiefer Schatten. Tiere wie Menschen beziehen ihre Empathie zuallererst auf diejenigen, die ihnen nahe stehen und nicht auf Fremde. Das lässt sich schon bei Mäusen nachweisen. Bei Menschen entwickelt sich Intoleranz in der frühen Kindheit von selbst. Toleranz aber müssen wir unseren Kindern – und leider häufig auch Erwachsenen – anerziehen (Eibl-Eibesfeldt 1997, S. 446 ff.). *Zahlreiche Experimente bestätigen, dass das Gehirn in Millisekunden Bilder auf der Grundlage von minimalen Hinweisreizen bezüglich Rasse oder Geschlecht verarbeitet (*Sapolsky 2017, S. 504). Babies zeigen, noch bevor sie sprechen können, dass sie fremde Gesichter, seltsame Gerüche, Fremdsprachen und seltsame Akzente nicht mögen (Bregman 2020, S. 237). *Was unsere Empathie betrifft, sind wir hoffnungslos voreingenommen (*de Waal 2015, S. 193 f.).

Tomasello vermutet, dass schon bald, nachdem der moderne Mensch vor vielleicht 150.000 Jahren irgendwo in Afrika aus dem Frühmenschen hervorgeht, sich getrennte und eigenständige Kulturgruppen bilden, die miteinander um Ressourcen konkurrieren (Tomasello 2016, S. 134). Damit werden neben den Emotionen, die für die Bildung und Bewahrung eines kollektiven „Wir" nötig sind, auch Emotionen für ein kollektives „gegen die Anderen" erforderlich. Und möglicher Weise ist damit das Zeitalter des Rassismus angebrochen. Herodot und anderen antiken Autoren beschreiben die Rohheit und Kulturlosigkeit bzw. Wildheit direkt proportional zur steigenden räumlichen Entfernung und zum abnehmenden Bekanntheitsgrad der jeweiligen Kultur (Pöhl 2018, S. 166).

Unsere Gefühle für Zusammengehörigkeit auf der einen Seite und Gegnerschaft gegenüber Fremdgruppen auf der anderen Seite sind hormonell in uns angelegt: Oxytocin, auch als „Kuschelhormon" bezeichnet (was nicht ganz richtig ist), verstärkt unser prosoziales Verhalten, stärkt das gegenseitige Vertrauen und das Gefühl der Zugehörigkeit, allerdings nur gegenüber der In-Group. Die Kehrseite dieses Neuropeptids ist: Es verstärkt ethnozentristische Tendenzen und Fremdenfeindlichkeit, es macht parteiisch und provinziell (Sapolsky 2017, S. 180). Unsere Veranlagungen sind kontextabhängig und tendenziell gegenüber Fremden eher abweisend.

Mörderische Rivalität

Jane Goodall berichtete von freilebenden Schimpansen, die regelrechte Kriegszüge gegen Nachbarhorden führen (Pinker 2011, S 75 ff.). Männchen überfallen von Zeit zu Zeit andere Gruppen von Schimpansen und töten *nicht nur Kinder, mit denen sie nicht verwandt sind, sondern auch erwachsene Männchen und ältere Weibchen (*Hrdy 2000, S. 75). Wichtig in diesem Zusammenhang ist, dass bei diesen Menschenaffen die Söhne meistens in der eigenen Gruppe bleiben, während die Weibchen beim Erreichen der

Geschlechtsreife oft in andere Gruppen abwandern. Die Angreifer sind also untereinander verwandt. Sie achten darauf, dass sie bei ihren Kriegszügen immer in der Überzahl sind und sie legen es darauf an, die männlichen Schimpansen der anderen Horde nicht etwa nur zu vertreiben, sondern sie zu verletzen und zu töten. Mord gehört bei Schimpansen zum normalen Verhaltensrepertoire, in manchen Horden *kommt mehr als ein Drittel der Männchen gewaltsam ums Leben (*Pinker 2011, S. 76). Weibchen werden praktisch nie angegriffen (Roth 2001, S. 86). Bei ihren Kriegszügen geht es den Schimpansen darum, ihr Revier zu sichern und zu vergrößern. Die darwinistische Rendite ergibt sich darüber, dass der alleinige Zugang zu den Futterbäumen das Überleben des Nachwuchses besser absichert und gelegentlich nehmen die Affen Weibchen der unterlegenen Horde bei sich auf und vergrößern so direkt ihre Fortpflanzungschancen (Dönges 2010). *Interaktionen zwischen benachbarten Gruppen sind bei Schimpansen* [Pan troglodytes] *fast gänzlich feindselig, während die Interaktionen mit Fremden bei Bonobos* [Pan paniscus] *friedlicher ablaufen (*Tomasello 2016, S. 39). Wenn zwei Gruppen Bonobos zum ersten Mal aufeinander treffe, *endet es in der Regel in einer Orgie (*Bregman 2020, S. 257). Wir stammen weder von den Schimpansen noch von den Gorillas ab, sondern haben nur gemeinsame Vorfahren. Und weil wir mit den Bonobos mindestens genauso nah verwandt sind wie mit den Schimpansen, sollten uns Orgien später noch beschäftigen. Zu beachten ist auch, dass in Bonobogemeinschaften in der Regel ein Matriarchat herrscht.

Die Softgene der Landwirtschaft

Forscher vermuten für die Steinzeit vor 30.000 Jahren eine geringe Bevölkerungszahl, verbunden mit einer hohen Mobilität. *Hohe Mobilität, dies ist aus ethnographischen Studien bekannt, diente der Erhaltung und Pflege biologisch und sozial notwendiger Netzwerke (*idw-online 01). Nomaden sind eher kosmopolitisch, was eigentlich sofort einleuchtet: Wer viel rumkommt, sieht viel. In einer Untersuchung von 2014 zeigte sich bei den Aché in Paraguay und den Hadza in Tansania, dass diese Nomaden in ihrem Leben rund 1.000 Begegnungen mit anderen Menschen hatten (Bregman 2020, S.115). Die Fremdenfeindlichkeit wird sich dabei in Grenzen gehalten haben. Denn Tauschhandel und eventueller genetischer Austausch sind dafür viel zu wichtig.
Mit der Entwicklung von Softgenen für die Landwirtschaft und der damit einhergehenden Veränderungen der Lebensweise vor vielleicht 12.000 Jahren wandeln sich die Umweltbedingungen für einige H. sapiens radikal. Die Landwirtschaft wird ein bedeutender Teil einer neuen Umwelt und die Bevölkerung nimmt deutlich zu. Das alles dürfte dazu beigetragen haben, dass sich soziale Strukturen stark ändern.
Vor ca. 5.700 v. Chr. wandern neolithische Siedler aus der Gegend um die Ägäis und des Marmarameers entlang einer Balkanroute als erste sesshafte Ackerbauern nach Mitteleuropa ein. Sie bringen Hausbau, Landwirtschaft und Haustiere mit in ihr neues Siedlungsgebiet und treffen dabei auf Jäger und Sammler, die seit der Eiszeit dort ansässig sind. Die kulturellen Unterschiede, das unterschiedliche Aussehen und die unterschiedliche Sprache scheinen

dabei, durchaus regional unterschiedlich stark, verhindert zu haben, dass sich diese beiden Bevölkerungsgruppen genetisch vermischen: *Man tauschte Kulturgüter und Kenntnisse aus, aber nur selten Ehepartner (*Uni Mainz Forschung 2016). Wir können hier also schon eine Art von Rassismus auf der Grundlage vor allem der kulturellen Unterschiede vermuten. Jedenfalls weisen Gräberfunde aus der Zeit der Michelsberger Kultur (ca. 4.400 – 4.300 v. Chr. in Bruchsal-Aue) aus, dass in der damaligen Gesellschaft bestimmte Menschen diskriminiert werden. Die ursprünglichen Jäger und Sammler zählen dabei zur untersten Schicht– vielleicht sind sie Sklaven oder Kriegsgefangene, die einem hohen Herren in den Tod folgen müssen (Spinney 2021, S. 30). Polly Wiessner von der Universtity of Utah meint sogar – auch aus der neueren Geschichte heraus – ableiten zu können: *Wenn Neuankömmlinge ein Land oder Ressourcen kolonisieren, dann entmenschlichen sie die angestammten Einwohner (*Spinney 2021, S. 27). Die Landwirtschaft kommt also nicht durch Ideentransfer nach Europa, sondern Gene und Softgene breiteten sich zusammen in Einheit aus, indem die Einwanderer die Nomaden verdrängen.

Fluch und Segen der Landwirtschaft

Für Robert Sopolsky stellt die Erfindung der Landwirtschaft eine der schlimmsten Fehler der Menschheit überhaupt dar. Landwirtschaft habe die Menschheit abhängig von einigen wenigen domestizierten Feldfrüchten und Tieren gemacht, wo es vorher hunderte wilde Nahrungsquellen gibt. Das macht das Nahrungsangebot anfällig für Dürreperioden, Pflanzenschädlinge und Tierseuchen, und die Menschen selbst werden nun von Krankheiten bedroht, die von Tieren auf sie überspringen. Landwirtschaft ist

Knochenarbeit, wohingegen Jäger und Sammler gewöhnlich nur wenige Stunden am Tag für ihr tägliches Brot arbeiten müssen. Sie haben eine höhere Lebenserwartung und sind gesünder als traditionelle Bauern (Sapolsky 2017, S. 412). Allerdings stellt sich bezüglich der Jäger und Sammler die berechtigte Frage, warum sich bei so einem gechillten Leben nicht das einstellte, was wir sonst überall in der Natur sehen: Ein Anwachsen der Bevölkerung bis zu dem Grad, wo das Jagen und Sammeln an seine Grenzen kommt, also bis dahin, wo ein Kampf um Ressourcen unausweichlich wird. Es muss einen limitierenden Faktor außerhalb der Ernährung geben, der verhindert, dass sich die potentiell größere Fruchtbarkeit der Bevölkerung in ein Anwachsen der Bevölkerung niederschlägt. Ganz so idyllisch können wir uns das Leben der Wildbeuter also sicherlich nicht vorstellen. Allerdings mögen die Nachteile der Landwirtschaft durchaus gravierend sein, denn *Landwirtschaft zwingen zu Sesshaftigkeit und veranlassen die Menschen dazu, etwas zu tun, das keinem Primaten mit Sinn für Hygiene und öffentliche Gesundheit jemals einfiele, nämlich in der Nähe seiner Fäkalien zu leben (*Sapolsky 2017, S. 422). Landwirtschaft führt zu Überproduktion und damit fast zwangsläufig zu einer ungleichen Verteilung des Überschusses und folglich zu ausgeprägten Hierarchien und Unterschieden im sozioökonomischen Status. Die alten Griechen, die noch den direkten Vergleich zwischen Landwirtschaft auf der einen und Jägern und Sammlern auf der anderen Seite kennen, urteilen damals schon abfällig über letztere: Für Sie hatte die Göttin Demeter den Athenern den Ackerbau gebracht, weshalb sie fortan nicht mehr wie „wilde Tiere" leben müssen. Für Platon haben sich vor der Einführung der Landwirtschaft die urzeitlichen Menschen gegenseitig aufgefressen, und für ihn gibt es immer noch unzivilisierte Völkerschaften, bei denen es Sitte ist, sich gegenseitig zu opfern. Auch für den attischen Dichter

Moschion ist die Entdeckung der Feldfrüchte der Grund für die Entwicklung des Menschen hin zu einer von urzeitlicher Menschenfresserei und vom natürlichen Gesetz des Stärkeren befreiten Lebensform (Pöhl 2018, S. 216). Und so recht Sopolsky mit seiner Aufzählung auch hat, irrt er in seiner Verurteilung. Die Evolution und nicht unsere Gefühlslage bestimmt über gut oder schlecht. Sie ist eine gleichgültig Kraft, unvermeidlich wie die Schwerkraft. Ackerbau und Viehzucht waren nicht nur neuartige und innovative Wirtschaftsweisen, sondern ebnen auch der Herstellung von Metallwerkzeugen den Weg und ermöglicht erst unsere gesamte heutige technologische Kultur. Das wir heute auf der Erde über 8 Mrd. Menschen sind, mag viele Umweltschützer zutiefst betrüben, aber sie mögen sich vor Augen führen, dass sie selbst mit hoher Wahrscheinlichkeit selbst nicht geboren wären, gäbe es diesen ungeheuren evolutionären Erfolg der Landwirtschaft nicht.

Evolution wirkt langfristig und gnadenlos gegenüber dem einzelnen Individuum. Und der einzige Erfolg, den die Evolution kennt, ist die Anzahl der Nachkommenschaft und deren Fähigkeiten, wiederum darin erfolgreich zu sein. In dieser Hinsicht ist die Landwirtschaft ein grandioser Erfolg der entsprechenden Softgene. Und sie ist ein Beispiel für eine Koevolution zum beiderseitigem Nutzen: Weizen, Reis, Hirse oder Mais ernähren die Welt – ohne diese Pflanzen wäre unsere heutige Welt nicht vorstellbar (Graeber & Wengrow 2022, S. 255). Und weil diese Pflanzen so wichtig für die Menschen sind, bauen sie sie in ungeheurer Zahl an, hegt und pflegt sie und schützt sie vor pflanzenfressenden Feinden und Krankheiten. Der Mensch hat den Weizen domestiziert, aber ebenso können wir sagen: Der Weizen hat den Menschen domestiziert – ohne diese Pflanzen gäbe es den modernen Menschen nicht.

Kriegerische Auseinandersetzungen

Die schlimmste Form von Rassismus ist der Krieg, wie nicht nur Hitlers Feldzüge gegen die slawischen Völker deutlich gemacht hat. Ab wann sich Menschen kriegerisch auseinandersetzten, ist unter Wissenschaftler noch umstritten. Einerseits wird z.B. von Steven Pinker der Mensch eher in die Tradition der Schimpansen gesetzt und damit wäre Krieg schon immer ein böser Begleiter des H. sapiens (Pinker 2011, S 98 ff.). Andere Wissenschaftler verweisen darauf, dass wir ähnlich eng mit den Bonobos verwandt sind, und bei denen beherrscht eher die Orgie denn der Krieg die Auseinandersetzung mit Fremdgruppen. Diese Wissenschaftler stellen die Entwicklung der Landwirtschaft und der Viehzucht als Urgrund kriegerischer Auseinandersetzungen unter Verdacht (Bregman 2020, S. 124 f.). Sie vermuten, dass erst mit der produzierenden Wirtschaftsweise so bedeutendes Eigentum entsteht, dass es sich rentiert, Raubzüge zu unternehmen. Mit der Einführung einer Tradition, Besitz innerhalb der Familie zu vererben, können Güter über Generationen angehäuft werden. Die evolutionäre Logik dahinter ist, dass die Vererbung von Besitz und Status die Ausbreitung der eigenen Gene deutlich unterstützt. Es werden wirkungsvolle Mechanismen zur Konfliktlösung notwendig und so entstehen geeignete Hierarchien oder Institutionen, also Obrigkeiten und Rechtsprechungen, damit sich alle an die Regeln halten und die Eigentumsrechte der anderen akzeptieren (Wunn et al. 2015, S. 143). Die Ungleichheit im sozialen Gefüge nehmen immer mehr zu, die hierarchische Strukturen verfestigen sich. Vor allem die Entwicklung von Bewässerungssystemen scheint mit einer Aufspaltung in Eliten und den Rest der Bevölkerung einher zu gehen und führt ganz allgemein zur Entstehung von sozialen Schichten (Christakis 2019, S.80).

Kain und Abel

Schaut man in das Buch der Bücher, so geht es schon kurz nach der Erschaffung der Welt zur Sache: *Und es geschah, als sie auf dem Felde waren, da erhob sich Kain wider seinen Bruder Abel und erschlug ihn (*1.Mose 4,8). Die geschichtliche Entwicklung in Europa, wo die Bauern die ansässigen Jäger und Sammler verdrängen, gibt dieser Rollenverteilung recht: Bauer erschlägt Nomaden. Nach anthropologischen Erkenntnissen ist es jedoch auch möglich, dass Abel, der Hirte, Kain, den Bauern, erschlägt! Abel stammt aus pastoralen Verhältnissen. Der Pastoralismus leitet sich vom lateinischen „pastor" für „Hirte" ab und meint *eine Form der Landnutzung mit extensiver Weidewirtschaft auf natürlich gewachsenem Busch- und Grasland, dessen anderweitige Nutzung wegen der klimatischen Bedingungen, seiner kargen Vegetation oder seiner Abgelegenheit nicht attraktiv oder nicht sinnvoll ist (*dewiki.de 01). Der Schwachpunkt des Pastoralismus ist, dass es *eine Welt voller Viehdiebe und Plünderer* ist (Sapolsky 2017, S 369). Diebe könne in solchen Weltgegenden nicht das Korn der Bauern rauben, wohl aber die mobilen Vieherden. Kriegsführung gilt als ein wichtiger Bestandteil vieler Nomadenkulturen im Osten Euroasiens (Gast 2020). Legendär sind in diesem Zusammenhang die Nomadenvölkern aus den eurasischen Steppen, der Heimat der Skythen und der Reiterhorden des Dschingis Khans.

Kennzeichen solcher Kulturen sind Kriegerkasten, mit Krieg verbundene Möglichkeiten des sozialen Aufstiegs, die Idee von einem ruhmreichen Leben auch oder gerade im Jenseits, Gewalt gegen Frauen und ein autoritärer Erziehungsstil. Ein weiteres wichtiges Merkmal ist die Ehrenkultur: Nehmen sie dir heute dein Kamel, nehmen sie dir morgen den Rest deiner Herde, deine Frau(en) und die Kinder. Also wehre den

Anfängen, lass dir nichts gefallen und kämpfe zur Not bis zum Letzten. Auch Rache spielt in solchen Kulturen eine herausragende Rolle. Anklänge an die pastorale Kultur finden wir heute u.a. im Süden der USA.

Kein Bock auf Krieg

Diesen Ausbrüchen von Gewalt steht gegenüber, dass wir durchaus friedlich veranlagt sind – (leider mit Einschränkungen, aber davon später). Bereits in der Wiege bevorzugen wir das Gute! Krieg ist eher nicht tief in unser Natur verwurzelt (Bregman 2019, S. 411, 236). Der Soziologe Randall Collins beschreibt Kämpfe in Stammesgesellschaften als Scharmützel zwischen einigen hundert Männern oder weniger, die mit Unterbrechungen einige Stunden dauern und normalerweise enden, sobald jemand ernsthaft verletzt oder getötet wurde. Ernsthaft gekämpft würde dabei kaum.

Selbst bei Soldaten zeigt sich eine tiefsitzende Abneigung gegen Gewalt. Ein besonders skurriles Beispiel dafür ist die im Amerikanischen Bürgerkrieg geschlagene Schlacht von Gettysburg 1863. Nach der Schlacht sammelte man auf dem Schlachtfeld genau 27.574 Vorderlader ein. Einen Vorderlader zu laden bedeutet einigen Aufwand, ihn abzuschießen geht dagegen schnell. Daher überrascht es, dass mehr als 90 Prozent der Waffen noch geladen sind. Noch überraschender ist, dass etwa 12.000 Waffen doppelt oder noch öfter geladen sind, was überhaupt nur Sinn macht, wenn ein Soldat sich lieber mit dem Laden als mit dem Schießen beschäftigt (Bregman 2019, S. 106). Das Überladen ist eine perfekte Ausrede, um nicht zu schießen. Diese Soldaten versuchen also gar nicht erst, einen Feind zu töten. Gegen Ende des 18. Jahrhunderts erzielen preußische Soldaten beim Übungsschießen auf 150 Meter Entfernung eine Trefferquote von 40 Prozent, auf 75 Meter Entfernung sogar 60 Prozent. In einer Schlacht liegt sie dann bei einer Entfernung zum

Gegner von 30 Metern bei drei Prozent (Collins 2011, S. 89 f.).

Der Kriegsberichterstatter und Armeehistoriker Samuel Marshall befragt Soldaten des Zweiten Weltkriegs und kam zu dem Ergebnis, dass höchstens 25 Prozent der Soldaten ihr Gewehr im Gefecht abschießen. Gwynne Dyer schätzt das Schießaufkommen bei den Japanern und Deutschen ähnlich niedrig. Nach Marshall besteht die Minderheit, die überhaupt schießt, aus disziplinarisch Unverbesserlichen, die des Öfteren wegen Befehlsverweigerung in Arrest kommen (Collins 2011, S. 70, 77, 86 f.).

Wenn Soldaten oder Zivilisten im Krieg umkommen, werden sie in aller Regel durch Fernwaffen wie Bomben oder Granaten getötet, aber höchst selten von Gegnern, die ihnen beim Töten in die Augen blicken, also mit dem Bajonett oder mit einer anderen Nahkampfwaffe kämpfen. Die Hemmschwelle, eine Schusswaffe zu gebrauchen, ist wesentlich niedriger als die, mit einem Messer zuzustechen. Darum sind die Waffengesetze in den USA so problematisch: Im Jahr 2023 gab es in den USA insgesamt 18.850 erfasste Todesopfer durch Schusswaffen (ohne Selbstmorde) (statista 01). In Australien wird nach einem Amoklauf 1996 das Waffenrecht verschärft und in Umlauf befindliche Waffen zurückgekauft. *In der Folge sinkt sowohl die Mord- als auch die Suizidrate drastisch. in den 18 Jahren vor dem Amoklauf in Port Arthur gibt es 13 vergleichbare Taten im Land, in den 23 Jahren seither keine einzige (*Hurka 2020).

Die Frage, die sich stellt, ist also, warum drangsalieren und töten Menschen überhaupt, wenn die meisten von uns eine angeborene und anerzogene Hemmung haben, gewalttätig zu sein. Die Antwort ist: Menschen töten, weil andere es auch machen, aber vor allem – wie wir später noch sehen werden – Menschen töten in der Regel keine Menschen, sondern Andersartige – z.B. Untermenschen.

Bösewichte

Konformität ist großartig, sie erleichtert uns die Kommunikation, wenn alle verstehen, dass Kopfnicken ja und Kopfschütteln nein bedeutet. Konformität ist notwendig wenn wir das Wissen der Anderen nutzen wollen und sie kann trösten, wenn wir erfahren, dass es anderen so geht wie uns selbst. Aber Konformität kann leider auch *entsetzliche Folgen haben – wenn man sich an Mobbing, Unterdrückung, Ausgrenzung, Vertreibung, Morden beteiligt, nur weil alle anderen es tun (*Sapolsky 2017, S. 591).

Die Psychologen gehen für den zweiten Weltkrieg davon aus, dass diejenigen am besten kämpfen, *die am stärksten daran glauben, dass sie auf der richtigen Seite der Geschichte stehen und dass ihr Weltbild stimmig ist (*Bregman 2020, S. 229). Stimmt aber nicht. Die Deutschen sind im Krieg die klar besseren Soldaten, aber für sie beginnt der Nationalsozialismus 10 Meilen hinter der Front, während ihre Kameraden sich in jedem Bunker und Graben finden. Die einfache Erklärung für *die fast übermenschliche Leistung des deutschen Heeres* ist *Kameradschaft*. Die Nazi-Ideologie sowie Judenhass spielen höchstens eine untergeordnete Rolle, während Kameradschaft und Opfergeist die vorherrschenden Antriebe sind. Und auch die amerikanischen Soldaten kämpfen nicht aus Patriotismus und die britischen Soldaten denken kaum an den demokratischen Rechtsstaat, sie alle kämpfen weniger für ihr Vaterland als vielmehr für ihre Kameraden. Kameradschaft ist die Waffe, mit der man Kriege gewinnt (Bregman 2020, S. 229 f.). Diese Befunde passen bestens zu den vorher gemachten Ausführungen von Michael Tomasello, dass wir Mitgefühl für unsere Mitbürger haben, weil wir uns gegenseitig brauchen. *Der Zweite Weltkrieg ist ein Kampf von Millionen gewöhnlicher Menschen, angetrieben vom Besten der menschlichen Natur –*

*Freundschaft, Loyalität, Treue -, um so das größte Gemetzel in der Geschichte anzurichten (*Bregman 2020, S. 233).

Helden

Wir Menschen neigen also von Hause aus nicht dazu, andere umzubringen, auch nicht im Krieg. Um dieser Hemmung entgegen zu wirken, werden mindestens seit dem Epos über den Untergang von Troja bis zum heutigen Hollywood Helden als Vorbilder angepriesen. Heldensagen und Filme bezeugen deren und glorreich geführten Kämpfe. Nirgends wird so viel gemordet wie im Kino und Randall Collins vermutet, dass auch heute noch unsere Vorstellungen über Gewalt durch die literarische Gewaltdarstellung beeinträchtigt und verzerrt wird (Collins 2011, S. 54). Helden gehören zur Elite und wir einfachen Menschen orientieren uns vorzugsweise an diesen. Außerdem halten wir uns alle selbst für ganz etwas besonderes. Und darum gibt es im Zweifelsfalle immer die wertvollen Leben und die Randfiguren, die man gegebenenfalls opfern kann. Bei genauerer Hinsicht ging und geht es bei allen Heldensagen vor allem um die Befindlichkeiten und den Machterhalt von brutalen Eliten. Den einfachen Bauern kann es bis in die Neuzeit hinein egal sein, ob sie unter Napoleon oder unter einem Preußenkönig ausgepresst werden. Oder, wie der Historiker Rutger Bregman über die Bildungsvorgaben der Obrigkeit im 19. Jahrhundert witzelt: *Frankreich, Italien und Deutschland existierten schon, jetzt mussten nur noch Franzosen, Italiener und Deutsche produziert werden (*Bregman 2020, S. 313). Helden dienen uns als Ideal, sie prägen unser Weltbild und zeigen uns, was sozial erwünscht ist – vermutlich nicht immer zu unserem eigenen Wohle.

Auf der einen Seite finden wir Kameradschaft und das Wir-Gefühl, auf der anderen Seite benötigt eine Gemeinschaft ein gewisses Maß an Wehrfähigkeit, wie das Gefangendilemma zeigt. Helden dienen uns als Vorbilder dafür, für die eigene Gruppe alles zu geben, gegebenenfalls sogar unser Leben. Und immer gilt: Wir sind die Guten, die Anderen die Bösen.

Gott und Konformität

In hierarchischen Gesellschaften geht es nicht nur darum, selbst Held zu sein, sondern auch darum, einem Helden, bzw. Führer bedingungslos zu folgen bis dahin, sich selbst „heldenhaft" für die „gute Sache" einer Elite zu opfern. Dafür bedarf es einen gewissen Hang zur Untertänigkeit.

Den finden wir schon weit verbreitet im Tierreich, dort wo es in sozialen Verbänden Hierarchien gibt: Zum Beispiel ist die Fellpflege bei Primaten u.a. auf ranghöhere Tiere ausgerichtet, „um im Austausch rangbezogene Vorteile wie Nahrung oder Schutz zu erhalten" (Schlott 2024).

In übersichtlichen Stammesgesellschaften, wo jeder mehr oder weniger jeden kennt, überwachen sich die Stammesangehörigen gegenseitig bezüglich der Einhaltung ihrer moralischen Gesetze: Beobachtete Leute sind nette Leute! In komplexen soziale Strukturen funktionierte die gegenseitige Kontrolle nicht mehr ganz so gut und es mussten neue Mittel und Wege her, die Einhaltung von Regeln zu garantieren. Basierend auf den Ahnen, Geistern und Dämonen der Vorzeit überträgt man diese Aufgabe allmählich Göttern. Mit dem Auftauchen der allwissenden und strafenden Götter übernehmen diese die Polizeiaufgaben für die Einhaltung moralischer Gebote. Und sie tuen das mit unübertroffener Machtfülle, mit Unbestechlichkeit und mit der Fähigkeit, die innersten

Gedanken der Menschen zu erfassen und noch über den Tod hinaus zu strafen. *Das leisten nicht nur die Götter der Christen und Muslime, sondern funktioniert auch über das Karma-Prinzip der Buddhisten: Wer ein böses Leben führt, hat die Folgen im nächsten Leben zu tragen (*Weber 2019). Wer Strafe im Jenseits fürchtet, verhält sich zu Lebzeiten eher anständig. Um diesen göttlichen Überwachungsstaat zu etablieren, und über Generationen beizubehalten, bedarf es starker konformistischer Kräfte: Glaubensvorstellungen gelten daher als unantastbar und als jenseits des normalen weltlichen Verstandes angesiedelt, Abweichlern vom rechten Glauben drohte nicht selten der Tod!
Diesen gewaltigen Vorteil für eine Gemeinschaft, den unbestechliche allwissende Götter für den Einhalt von Recht und Ordnung darstellen, machen sich Eliten zu nutze. Die Herrscher der ersten Großreiche verkünden, dass sie von den Göttern ausgewählt wurden. Sie maßen sich den Göttern zuerkannte Eigenschaften und Fähigkeiten an, oder treten gleich selbst als Götter auf. Mindestens sind sie von einem Gott gezeugt worden oder ihr Stammbaum geht wenigstens auf einen Gott zurück. Es entsteht eine in Schichten gegliederte Gesellschaft *in der eine Elite schicksalhaft mit den Göttern verbunden ist und daraus Vorrechte ableitet (*Wunn et al. 2015, S. 156). Das Geschlecht des Herodes Attikus z.B. leitet seine direkte Abkunft von Miltiades über Theseus und Aeneas bis schließlich zu Jupiter ab (Gibbon 2006, S. 47). Die deutschen Kaiser berufen sich auf ihre göttliche Einsetzung und der Adel tut es ihm nach – Ernst-Ludwig aus Darmstadt ist Großherzog von „Gottes Gnaden". Und wer glaubt, dieser Hokuspokus sei vorbei, der irrt: Als Charles III im Mai 2023 in London gekrönt wird, wird an ihm der religiöser Akt der Heiligung durch die Salbung zum König vollzogen – hinter einem Vorhang, denn für *eine Zurschaustellung gilt dieser Moment als zu heilig und intim (*Köhler 2023).

Weltbilder

Für fast alle Menschen gehört der Glaube an einen Gott (oder an viele Götter) zum wichtigsten Bestandteil des Weltbildes. Dies, weil Götter seit je her über das Einhalten von Regeln in unübersichtlichen, weil zu großen Gemeinschaften, wachen. Der Glaube wird durch den Zwang zu Konformität in einer Gemeinschaft durchgesetzt. Ein gutes Beispiel dafür ist das im Augsburger Religionsfrieden niedergelegten Rechtsprinzips: „Cuius regio eius religio" – der Landesherr bestimmt darüber, welche Religion seinen Untertanen zu glauben haben. Schauen wir uns Weltbilder und ihren Zusammenhang zum Rassismus nun ein wenig genauer an.

Menschen werden mit dem inneren Drang geboren, herauszufinden, wie alles funktioniert, unser Gehirn sucht stetig nach Erklärungen. Im Laufe unseres Lebens erweitern wir unser Wissen und unsere Fähigkeiten kontinuierlich, ganz nebenbei und selbstverständlich und verfestigen so unser inneres Weltbild, das als weitgehend widerspruchsfrei empfunden wird. Das sich daraus zusammensetzende Weltbild ist unser individuelles Softgenom, das wir erben, aus unserem sozialen Umfeld übernehmen und durch eigene Erfahrungen erweitern. So, wie wir ein individuelles Genom haben, so haben wir auch ein individuelles Weltbild. Unsere Anschauungen über die Welt müssen dabei weder rational sein noch irgendwie die Wirklichkeit abbilden.

Diese Welt bietet uns keine abstrakten Wahrheit an, sondern nur Lösungen nach Notwendigkeit oder Nützlichkeit, erprobt lediglich durch trial and error. Und endgültige Wahrheiten werden wir auch nicht in Religionssystemen oder in Ideologien finden. Da

unsere Vorfahren mindestens seit den ersten
Hominiden immer in sozialen Verbänden leben, werden
andere Menschen das wichtigste Merkmal der
menschlichen Umwelt. Und die Hominiden passen sich
im Laufe der Evolution genau daran an. Unsere
Wahrheiten beziehen sich auf unsere soziale Umwelt,
wir teilen sie mit unseren Mitmenschen – die Trennung
zwischen Fakten und Meinungen ist dabei nur eine
Illusion. Unsere Ansichten über die Welt, unser
gesamtes Weltbild basiert letztlich darauf, dass wir den
Erzählungen unserer Eltern, Lehrer und unserem
sozialen Umfeld Glauben schenken – und nicht zuletzt
unseren Eliten und religiösen Autoritäten. Für unsere
wichtigsten Überzeugungen *haben wir keinerlei
Belege, außer dass Menschen, die wir mögen und
denen wir vertrauen, diese Überzeugungen teilen*
(Kahneman 2011, S.259). Wahrheitskonstrukte
außerhalb der physikalischen Welt, insbesondere die im
Jenseitigen angesiedelten, verzichten in aller Regel
ganz auf erfahrbare Wirklichkeiten und lassen
Wahrheiten außerhalb der eigenen transzendenten nicht
gelten. Aber auch fast jede naturwissenschaftliche
Erkenntnis müssen wir schlicht „glauben". Wir können
Röntgenstrahlung nicht spüren, wir können nicht
wirklich selbst überprüfen, ob Licht einer
Geschwindigkeitsbegrenzung unterliegt oder dass im
Inneren der Sonne Fusionsprozesse ablaufen, die
Wärmestrahlung erzeugen. Wir glauben diese
wissenschaftlichen Erkenntnisse, weil sie uns über
glaubhafte Institutionen wie die Schule oder der
Universität, von glaubwürdigen Menschen wie Lehrer
und Professoren vermittelt werden und weil sie
widerspruchfrei in unser aufgeklärtes Weltbild passen.
– Haben wir dagegen ein Weltbild verinnerlicht, dass
sich auf die Bibel als einzige „Wahrheit" bezieht,
lehnen wir das wissenschaftliche Weltbild kategorisch
ab – Evolution ist dann eine Erzählung des Satans, um

die Menschen zu verwirren und sie vom rechten Weg abzubringen!
Die Weltbilder in einer Gemeinschaft sind eher einheitlich – z. B. in Bezug auf die Religion – und sie gehören zum Kitt, der die Gemeinschaft zusammenhält. *Wahrheit war und ist für menschliche Gehirne viel weniger relevant als Zugehörigkeit und Geborgenheit (*Blume 2020 (2), S. 23). Insbesondere Religionen sind häufig sakrosankt. Es besteht ein starker Zwang, sich konform zu verhalten: an den geforderten religiösen Riten teilzunehmen und die religiöse Pflichten einzuhalten. Ähnliches gilt für Ideologien.
Wahrheiten übernehmen wir, wenn sie uns von glaubwürdigen Mitmenschen erzählt werden. Aus diesem Grund ist „Glaubwürdigkeit" ein zentrales Thema für unser Leben. Leider glauben wir auch alle Arten von „Fake News", solange sie von für uns glaubwürdigen Menschen vertreten werden und sie in unser Weltsicht passen. Anders herum misstrauen wir Fakten, wenn sie von Menschen vertreten werden, die uns zu fremd sind, insbesondere, wenn diese Fakten im Konflikt zu unseren eigenen Überzeugungen stehen.

Fremde Welten

Aus der Theorie über Softgene heraus können wir an dieser Stelle schließen: Rassenkonflikte, basierend auf der Wahrnehmung von unüberbrückbaren Unterschieden zwischen sozialen Gruppen, benötigen keine geographische Isolation, um sich zu etablieren und auch keine sichtbaren genetischen Unterschiede wie die Hautfarbe. Vielmehr führen schon unterschiedliche Weltanschauungen dazu, dass wir gedanklich in unterschiedlichen Welten beheimaten sind und die anderen als Aliens betrachten. Und zumindest in den in Hollywood produzierten SciFi-

Filmen sind in 80 Prozent der Erzählungen die Aliens heimtückisch und bedrohlich (Sapolsky 2017, S 515). Schwer zu überbrückende Klüfte entstehen durch unterschiedliche Sozialisation in verschiedenen Kulturen, zwischen Vertretern verschiedener Religionen, zwischen verschiedenen Ideologien und sogar zwischen Naturwissenschaften und Kulturwissenschaften. Das Trennende in dieser beiden Wissenschaftszweigen ist fundamental in Bezug auf die Stellung des Menschen: Während die traditionellen Kulturwissenschaften von der herausgehobenen Stellung des Menschen ausgehen und die Kultur in einen Gegensatz zur Natur setzen, vertreten Soziobiologen wie Wilson die Ansicht, auf der Grundlage von Darwin, Biologie und Ameisenstaat etwas über das soziale Verhalten der Menschen aussagen zu können. Dort, wo die Soziobiologie bei den Sozialwissenschaftlern nicht schlicht ignoriert wurde, traf sie auf erbitterten Widerstand. Denn die Soziobiologie forderte von den Kulturwissenschaftlern nicht weniger als ein Um- und Neudenken ihres wissenschaftlichen Weltbildes.

Wir können diese Spaltung der beiden großen Wissenschafts-Communities vielleicht nicht direkt als Rassismus ansehen. Aber sie ist ebenso schädlich. Denn sie behindert die gemeinsame Anstrengung, große Krisen wie den Klimawandel zu bewältigen. Wenn nicht alle am selben Strang ziehen, wird das gewaltige Potential der Wissenschaften nicht ausreichend ausgeschöpft.

Kontext

Weltbilder konstituieren eine innere Wirklichkeit, aus der heraus wir handeln. Unsere Verhaltenssteuerung ist dabei stets kontextabhängig. Oxytocin macht uns freundlicher gegenüber Freunden und feindlicher gegenüber Fremden. Ähnliches betrifft die menschliche Moral: Wir verurteilen nicht Gewalt sondern wir verurteilen Gewalt im falschen Kontext. Normen, die in der eigenen Gemeinschaft unbedingt einzuhalten sind, wie: „Du sollst nicht töten!", sind bis zu einem gewisse Gerade genetisch angelegt. Aus diesem Grund sind wir, wie besprochen, nicht wirklich darauf erpicht, andere Menschen umzubringen. Diese Hemmschwelle umgehen wir im Zweifelsfall, indem wir unser Opfer vorher „entmenschlichen". Mord, Totschlag, Raub und Vergewaltigung werden dort wahrscheinlicher, wo die eigene Gemeinschaft endet. Wir können in Friedenszeiten Vorformen davon z.B. bei Fußballfans beobachten: Fans desselben Vereins schließen sich zusammen, studieren Gesänge ein und feiern miteinander. Den Fans der gegnerischen Mannschaft aber tritt man beleidigend oder gar gewalttätig gegenüber. Bei Konflikten oder gar im Krieg kann es dazu kommen, dass von jedem geradezu verlangt wird, Gegner zu töten. Im Alten Testament wurden Mord und Vergewaltigung sogar göttliches Gebot: *So bringt nun alles Männliche unter den Kindern um, und bringt alle Frauen um, die einen Mann im Beischlaf erkannt haben! Aber alle Kinder, alle Mädchen, die den Beischlaf eines Mannes nicht gekannt haben, lasst für euch am Leben!* (4.Mose 31.17 f.). Selbst der Abwurf der Atombombe über Hiroshima und Nagasaki gilt nicht als schändlicher Massenmord an Zivilpersonen auf Befehl eines amerikanischen Führers, sondern weithin als notwendiger patriotischer Akt. Der Kontext kann sich auch in einer etwas anderer Form darstellen, als Prestige. Dieses Bonmot soll auf den Biologen Jean Rostand zurückgehen: *Töte einen Menschen, und du bist ein Mörder. Töte Millionen Menschen, und du bist ein Eroberer. Töte alle, und du bist ein Gott* (Pinker, 2014, S. 215).

Grenzen der Moral

Lassen Sie uns diese Kontextabhängigkeit der Moral und wie abhängig sie von der Entfernung zur eigenen Community ist, noch etwas genauer ansehen: Machen Sie in Gedanken ein Experiment und stellen Sie sich der Reihe nach vor: Sie rupfen einen Salatkopf aus, sie schlagen eine Mücke tot, überfahren einen Frosch, schlachten ein Meerschwein, ertränken eine Katze, erschlagen einen Hund und schließlich töten sie in Gedanken einen Schimpansen. Sie werden feststellen, dass es Ihnen umso schwerer fällt, zu töten, je weiter Sie sich von Ihrer eigenen Spezies entfernt fühlen. Macht euch die Erde *untertan und herrscht über die Fische im Meer und über die Vögel unter dem Himmel und über alles Getier, das auf Erden kriecht* (1.Mose 1.28). Das ist der göttlicher Auftrag, der uns erlaubt, Tiere zu töten und zu essen. Diese Denkfigur, dass der Mensch ein höheres Wesen als jedes andere Tier sei, beherrscht unser Denken.

Ein gutes Beispiel sind auch Haustiere, den Haustiere stehen uns freundschaftlich nah: Wir lieben Katzen unabhängig davon, dass sie Eidechsen und Vögel erbeuten, weil letztere uns viel weniger nahe stehen, wie ein Haustiger. Bei Ethiktests mit Fahrsimulatoren zeigt sich, dass Menschen in unausweichlichen Situationen eher eine Mülltonne umfahren, als ein Tier zu töten, eher eine Ziege totfahren, als einen Hund, eher einen Hund totfahren, als einen Menschen.

Die Neigung, die Mitglieder der eigenen Gruppe positiv zu überhöhen und den Rest der Welt demgegenüber herabzusetzen, ist eine zutiefst Menschliche: Wie problemlos moralisches Verhalten gegenüber der eigenen In-Group und das moralische Versagen gegenüber eine Out-Group in Einklang gebracht werden, und wie rassistisch sich das äußern kann, belegt das Beispiel des buddhistische Abts Ashin Wirathu aus Myanmar. Als spiritueller Führer einer

überall als friedliebend wahrgenommenen Glaubensgemeinschaft ist er gleichzeitig einer der Köpfe hinter der Vertreibung Hunderttausender muslimischen Rohingya. Die „Zeit" zitiert ihn mit den Worten: *Diese Muslime gehören nicht zu uns, sie sind weniger schützenswert als Moskitos (*Follath 2018, S. 8).
Rassismus beruht zum großen Teil auf dem Mechanismus der Entmenschlichung. Moskitos, das zeigte der Gedankentest von gerade, schlagen wir ohne Bedenken tot.

Reinheit

Wie erwähnt vermutet Jonathan Haidt, dass die menschlichen moralischen Urteile u.a. auf dem, mit entsprechenden Emotionen verknüpften, Gegensatzpaar „Heiligkeit und Erniedrigung" beruhen (Tomasello 2016, S. 214). Heiligkeit ist die Überhöhung eines Wesens über uns selbst, Götter sind unantastbar – ein Schutzmantel, den sich Gottkönige und auch Priester als Mittler zu den Göttern gerne überwerfen.
Das Phänomen der „Heiligkeit" taucht bei Religionen sehr prominent auf und daran gekoppelten ist die „Reinheit". Eine Seele muss rein sein, der Messias natürlich auch, und so musste Jesus von einer Jungfrau geboren werden. Das Dogma der Katholischen Kirche bezüglich der „unbefleckten Empfängnis Mariens" behauptet, dass die Gottesmutter Maria als unbefleckte Jungfrau in keinem Augenblick ihres Lebens mit der Erbsünde (gemeint ist wohl, Sex gehabt zu haben) beschmutzt wurde. Und so wurde auch Maria von einem Engel „gezeugt". Der mit der Erbsünde befleckte Mensch tritt mit einer rituellen Waschung, der Taufe, der Heiligen Römischen Kirche bei. Ein Altar in einer katholischen Kirche ist heilig, und diese

Heiligkeit wird befleckt, wenn eine Frau nackt auf einem Altar für das Recht auf Abtreibung protestiert. In der Katholischen Kirche schöpften die Nonnen und Mönche wohl aus der stoischen Philosophie der griechischen Antike: Dort galt das Ideal der „Reinheit" bezogen auf sexuelle Enthaltsamkeit, aber auch auf Praktiken wie die vegetarische Ernährung. Überhaupt sind Speisegebote in vielen Weltgegenden mit Religion und Reinheit verknüpft. Reinheitsgebote in einem eher weltlichen, gleichwohl irgendwie transzendenten Sinne finden wir auch im Profanen: Eine Nationalflagge gilt als „heilig" und sie darf keinesfalls durch den Schmutz gezogen werden. Die Ehre wird auch heute noch in einigen Kulturen befleckt, wenn eine Tochter uneheliche Liebschaften pflegt. Die Familienehre kann dann nur durch Blut wieder reingewaschen werden. Das Gewissen der Mörder bleibt „rein", wenn die Familienehre durch einen Mord wieder hergestellt wird. Im Zweifelsfalle waschen wir unsere Hände in Unschuld. Auch in Ideologien geht es nicht nur um die reine Lehre – sondern in der Nazizeit auch um die „Reinheit der Rasse"!

Das führt uns zu einem Gefühl, dass wohl nicht unerheblich ist in Bezug auf Rassismus: Ekel! Ekel empfinden wir gegenüber dem Unreinen, dem Schmutzigen, dem Fauligen und auch gegenüber bestimmten Tieren wie Ratten und Kakerlaken. Ekel ist eine Grundemotion, anatomisch ist sie mit dem Lobus insularis im Gehirn verknüpft. *Aktiviert wird der Lobus insularis, wenn wir eine Kakerlake essen oder uns vorstellen, eine zu essen. Aktiviert werden* Lobus insularis *und Amygdala auch, wenn wir uns die Angehörigen des Nachbarstammes als eklige Kakerlaken vorstellen. Ekel dient als eine ethnische oder Fremdgruppenmarkierung (*Sapolsky 2017, S. 60 u. 517). Darauf baut der Rassismus auf, wenn er Mitglieder einer Fremdgruppe als Ratten, Ungeziefer, Kakerlaken oder, wie oben erwähnt, als Moskitos bezeichnet. – Menschen mögen wir nicht töten, aber Kakerlaken zerquetschen wir ohne Hemmungen zwischen Schuh und Fußboden.

Kennzeichen für Rassismus sind seit je die verbalen Erniedrigungen, die in der Regel Ekelgefühle auslösen. Als im Jahr 1994 die Hutu in Ruanda den Genozid an den Tutsi verüben, betreibt die Anti-Tutsi-Propaganda eine pausenlose Entmenschlichung mit der Pseudospezifikation, dass die Tutsi Kakerlaken seien: *Zertretet die Kakerlaken! Die Kakerlaken haben vor, eure Kinder zu töten. Die Kakerlaken [die angeblich verschlagenen und verführerischen Tutsi-Frauen] werden euch eure Ehemänner stehlen. Die Kakerlaken [Tusi-Männer] werden eure Frauen und Töchter vergewaltigen. Zertretet die Kakerlaken, rettet euch, tötet die Kakerlaken (*Sapolsky 2017, S. 739).

Wir haben auch das Beispiel der Diebe, Betrüger, Räuber und Mörder besprochen. Solche Menschen gehören nicht mehr zu unserer In-Group. Ein Lügner bleibt ein Lügner, selbst wenn er die Wahrheit sagt und wir vermuten auch, dass alle Mörder irgendwie gleich sind und vor allem gleich verdorben. Sie sind das Gegenteil von heilig, sie sind moralisch minderwertig. Wir selbst empfinden ihnen gegenüber eine moralische Überlegenheit. Und ist erst jemand ein Mörder, so konnte er früher fast überall, und heute noch in einigen Ländern, umgebracht werden, und das durchaus unter dem Beifall eines Teils der Bevölkerung.

Geistesverwandtschaft

Der Rassenkonflikt zwischen Tutsi und Hutu kann schwerlich auf die Hautfarbe zurück geführt werden. Verwandtschaft bezieht sich bei uns Menschen nicht nur auf die Gene, denn wir fühlen uns auch „seelenverwandt". Träger von konkurrierenden Softgenen, zum Beispiel Anhänger einer anderen Religion, oder eines anderen Fußballvereins, empfinden wir als Rivalen. Sie werden verächtlich gemacht und im schlimmsten Fall angegriffen, verletzt oder sogar getötet (Eibl-Eibesfeld 1997, S. 565).

Im Krieg kämpft jede Seite für die gerechte Sache, jede Seite nimmt für sich in Anspruch, die „Guten" zu sein und die anderen sind die „Bösen". Wir sind die Jedi und die anderen sind die Sith, wir handeln moralisch, wenn wir Stormtrooper erschießen, die andere Seite handelt böse, selbst wenn sie nur einen Sack Reis umwirft. Die Dichotomie von Gut und Böse, die unser Denken ganz allgemein dominiert, bezieht sich im Wesentlichen auf die eigene Gemeinschaft, wo immer wir dabei auch die Grenze ziehen. Und genau das macht Rassismus so schändlich: Sind irgendwelche Gruppen erst einmal die „Anderen", können wir sie auch schlechter behandeln, ohne dass es unser Gewissen belastet.

In Kriegen stehen auf der einen Seite die Kameraden, die mit mir um die gute Sache kämpfen, während die Gegenseite als Untermenschen, Barbaren oder gleich als Ungeziefer gänzlich entmenschlicht wird. Die nationalsozialistische Erhöhung einer germanischen Herrenrasse über die sogenannten Untermenschen, vor allem in Gestalt der jüdischen Bevölkerung, war mit einer Entmenschlichung durch die Sprache verbunden (Niehr & Reissen-Kosch 2019, S. 83). Dabei wurden

Juden mit „Ungeziefer" gleichgesetzt, dass es zu vernichten galt. Wie dargelegt, aktiviert diese verbale Erniedrigung unser Ekelgefühl. Die Ausgrenzung durch die Entmenschlichung des Gegners führt zur Aussetzung der Moral und damit zur Abschwächung der Tötungshemmung. Und so hat wahrscheinlich jeder größere Konflikt und oder Krieg eine rassistische Komponente.

Zugehörigkeit

Tomasello vermutet, dass für die frühen modernen Menschen nur die eigenen Gruppenmitgliedern, mit denen man jagte und sammelte, oder andere gemeinsam Ressourcen beschaffte, Menschen waren *und die anderen, ähnlich aussehenden Wesen, die wir manchmal in der Ferne sehen, oder mit denen wir vorsichtig und mit nur geringem Verständnis interagieren, sind Barbaren und somit eigentlich überhaupt keine Menschen.* Wir wissen wie man die Dinge richtig macht. Die anderen wissen es nicht (Tomasello 2016, S. 137).

Der Psychologe Robin Dunbar stellt die These auf, dass die „kognitive Grenze" der sozialen Beziehungen, die ein einzelner Mensch unterhalten kann, bei ca. 150 Personen liegt, angelehnt an die vermutete Hordengröße prähistorischer Menschen. Als die menschlichen Gemeinschaften diesen Rahmen sprengen, *brauchen sie eine neue Methode, die Mitglieder ihrer Kulturgruppe zu erkennen, vor allem, weil sie sie bei Konflikten zwischen den Gruppen brauchen. Darüber hinaus konnte die versehentliche Annäherung an einen Barbaren unter Umständen tödlich enden.* (Tomasello 2016, S. 139).

Die Bewahrung einer Gruppenidentität scheint stammesgeschichtlich angelegt zu sein. Was die Anderen aus unserer In-Group treiben, was sie erreichen, wie sie aussehen, was sie denken oder sagen, prägt auch unser eigenes Denken, Fühlen und Handeln. Es ist ein Schlüsselfaktor sozialer Einflussnahme, dass wir uns an unseren Mitmenschen orientieren (Cialdini 2001, S. 61). Sozialforscher unterscheiden grob drei Arten von Einfluss der Gruppe auf den Einzelnen: Gruppenmitglieder (1) beugen sich Druck bzw. reagieren auf einen Anreizen von außen, (2) sie übernehmen soziale Normen in ihr Weltbild, handeln also aus Überzeugung, oder (3) sie orientieren sich an der Mehrheit (Gelitz 2020 (2)).

Vorläufer dieser Entwicklungen finden sich bereits bei Schimpansen: Von 38 verschiedenen Elementen des Termitenangelns mit Hilfe von Stöckchen oder Ähnlichem nutzt jede Gruppe von Schimpansen nur eine Auswahl und kombiniert sie zu einem gruppenspezifischen Verhaltensrepertoire. *Dadurch entstehen kulturelle Unterschiede zwischen den Gruppen, und es scheint, dass auch bei Schimpansen kulturell geprägte Verhaltensweisen nicht der Effizienzsteigerung dienen, sondern vielmehr dem Ziel, sich gruppenkonform zu verhalten (*Becker 2021, S. 119).

Die Erkennungsmerkmale bei den frühen Hominiden sind vermutlich Ähnlichkeiten: Wer dieselbe Sprache spricht, ähnlich fischt oder jagt, und die Speisen auf dieselbe Art zubereitet, gehörte dazu. Ein wichtiges Mittel zur Festigung der Gemeinschaft sind auch das Teilen von Softgenen aller Art, insbesondere das Weitergeben von Mythen und historischen Ereignissen. Eine Studie an den noch heute als Wildbeuter lebenden Agta belegt, dass Gruppen mit vielen guten Erzählern besser untereinander kooperierten und begabte Geschichtenerzähler, ob männlich oder weiblich, im Durchschnitt mehr Nachkommen haben (Blume 2020 (2), S. 48). Andere Untersuchungen zeigen, dass wir auch heute noch Menschen tendenziell nett finden, wenn sie ähnliche Hobbys haben, dieselbe Musik hören

und über die gleichen Dinge lachen können.
Wissenschaftler nennen das „Soziale Homophilie"
(Luerweg 2021).
Erkenntnisse aus der Psychologie legen nah, dass wir uns am wohlsten in der Gemeinschaft Gleichgesinnter fühlen: Freunde scheinen sich außerordentlich ähnlich zu sein in Bezug darauf, wie sie die Welt um sich herum wahrnehmen und interpretieren. Und das ist nicht unerheblich für unser Leben. *Echte soziale Unterstützung, wie unter Freunden, federn jede Form von Stress ab [...]. Das sorge für Wohlbefinden und stärkt die Abwehrkräfte von Körper und Seele (*Hauschild 2018).

Gruppenbildung

Jeder Mensch entwickelt für die Gruppenzugehörigkeit und die Ablehnung von Fremden ein genetisch voreingestellter Gefühlshaushalt: *Vetternwirtschaft in der eigenen Gruppe, begleitet von Vorurteilen gegenüber der Fremdgruppe, ist eines der am besten dokumentierten Phänomene in der gesamten zeitgenössischen Sozialpsychologie (*Tomasello 2016, S. 142). Die eigene In-Group wird emotional überhöht. Wir neigen dazu, uns selbst und unsere soziale Einheit als nobel, loyal, als die Guten zu betrachten, und wir in unserer Gemeinschaft sind alle Individuen. Uns sind dieselben Dinge „heilig".
Unterscheidungsmerkmale werden so bedeutend, dass dafür eigene Softgene entstehen: Wer dieselben Körperbemalungen und Tätowierungen trägt, sich ähnlich kleidet oder schließlich, wem als Kind die Vorhaut abgeschnitten wird, gehört zum „Volk", wer diese Merkmale nicht besitzt, ist ein Barbar. *Nur wenige Phänomene sind in der anthropologischen Forschung besser dokumentiert als Prozesse der kulturellen Identifikation, die „ethnische Marker"*

*beinhalten wie beispielsweise besondere Kleidung, Sprache und Rituale, mit denen Kulturgruppen sich von anderen Gruppen absetzen (*Tomasello 2016, S. 208). Auch heute noch kleiden wir uns in aller Regel nach derselben Mode wie unser Umfeld, tätowieren uns, wenn unsere Freunde es machen, jubeln denselben Rockstars zu, finden denselben Fußballverein gut.
Es gibt eine große Anzahl von psychologischen Untersuchungen, die zeigen, wie schnell wir uns einer Gruppe zugehörig fühlen. Das Basisexperiment („*minimal group paradigm*") führt in den frühen Siebzigerjahren der Sozialpsychologe Henri Tajfel mit seinem Team in Bristol durch (Stöcker 2016). Die Versuchspersonen müssen sich für Bilder entweder von Wassily Kandinsky oder Paul Klee entscheiden und werden so in zwei Gruppen eingeteilt. Die Vorliebe für eines dieser beiden Bilder ist das einzige Merkmal, durch die sich die Teilnehmer der Studie als Gruppenmitglieder identifizieren. Im weiteren Verlauf des Experiments bevorzugen sich die jeweiligen Gruppenmitglieder gegenseitig und sind weniger prosozial gegenüber den Mitgliedern der anderen Gruppe.
Weitere psychologische Experimente zeigen, dass unsere Informationsverarbeitung in dieser Hinsicht verzerrt ist (z. B. ethnozentrische Voreingenommenheit, gruppeninterne Voreingenommenheit/parteiliche Voreingenommenheit, ultimativer Attributionsfehler, sprachliche Intergruppenverzerrung): Wir bevorzugen, wie erwähnt, die Mitglieder unserer eigenen Gruppe, die auch in Bezug auf positive Eigenschaften typischer sind – z.B. sind wir die besseren Patrioten; wir glauben Mitgliedern unserer In-Group eher als Fremden und generell sind wir die Guten, und wir drücken dies auch mit unterschiedlichen Sprachstilen aus (Oeberst et al. 2023).

Miteinander statt gegeneinander als vorherrschende Strategie im Überlebenskampf entwickelt sich offensichtlich von innen nach außen, von der Familie über die Sippe über die Landsleute bis möglicherweise dahin, dass sich alle Menschen als Mitglied einer globalen, also weltumfassenden Gruppe, fühlen. Mindestens bezüglich des Klimawandels sollten wir das jedenfalls tun. Es ist ein positives Zeichen, dass so viele Menschen dafür kämpfen, dass auch unsere nächsten Verwandten im Tierreich, insbesondere die Affen, in den Schutz der Tötungshemmung gelangen. Und nicht zuletzt werden Menschen deshalb Vegetarier, weil sie gewahr werden, dass Fleisch nicht abgepackt auf den Bäumen wächst, sondern das deswegen niedliche Tiere wie Schafe oder Kälber getötet werden, die man gelegentlich auf den Weiden stehen sieht und süß findet.

Wir verstärken die Grenzen unserer eigenen Gruppe gegenüber Außenstehenden, indem wir die Angehörigen unserer Gruppe bevorzugen. Aber ebenso, wie wir uns in einer Gemeinschaft wohl und geborgen fühlen und geneigt sind, Gruppenmitglieder zu unterstützen, scheint die Scheu *des Menschen vor seinen Mitmenschen* ein arttypisches Verhalten des H. sapiens zu sein (Eibl-Eibesfeld 1997, S. 250). Steven Pinker verweist auf die *Universalität von Ethnozentrismus und andere Formen von Feindseligkeit zwischen Gruppen in allen Gesellschaften und die Leichtigkeit, mit der solche Feindseligkeiten bei Mitgliedern unserer eigenen Gesellschaft erregt werden können (*Pinker, 2003, S. 410). Die Anderen nehmen wir nicht als Individuen wahr, sondern als Typus, als homogene Fremdgruppe, in der alle dieselben Eigenschaften teilen (Sapolsky 2017, S. 524). Aus diesem Grunde schließen wir Menschen, die in unserer Gemeinschaft leben und gegen moralische Normen verstoßen haben, als Lügner, Diebe, Mörder aus, sie sind zu „Typen" geworden. Sie gehören dann nicht mehr zu uns, und können weggesperrt werden. Auch die Menschen aus einer Fremdgruppe sind alle gleich simpel gestrickt und nicht selten abstoßend, oder ekelerregend. So schrieb der Schriftsteller Ernst Moritz Arndt nach den napoleonischen Kriegen über den Franzosen, er sei: *ein leeres, hohles, puppiges, gestaltloses, und gehaltloses Nichts, ohne Kraft, Bedeutung, und Charakter, ein zierlicher Lakai, ein gebückter Knecht, ein ausgeputzter Affe, ein kniffiger und pfiffiger Jude (*Arndt 1815, S.20).

Ausgrenzung und Rassismus

Das Gegenteil von Moral ist in erster Linie nicht der Mangel oder das Versagen unserer Moral sondern die Ausgrenzung. Unsere Gefühlswelt ist kontextabhängig und unser moralischer Kompass zeigt nur auf diejenigen, mit denen wir uns verbunden fühlen. Das Nebeneinander unterschiedlicher Gruppierungen führt dagegen aus der Natur des Menschen heraus schnell zu Rivalitäten, Gewalt und Rassismus. Die Unterscheidung von In-Group und Out-Group ist die vielleicht wichtigste Voraussetzung für gewalttätige Auseinandersetzungen und generell für Rassismus, wobei auch Softgene als Unterscheidungsmerkmale herhalten.

Der Politologe Ali Arbia weist darauf hin, dass z.B. der Nationalismus „Menschen einen Platz qua Geburt" zuweist. Er verschärfe damit Konfliktpotentiale und biete ein Mobilisierungspotential für die schlimmsten menschlichen Instinkte (Klormann 2017). So urteilt der Birma-Experte Hans-Bernd Zöllner über den Konflikt in Myanmar: *Ich vergleiche die Region gerne mit einer Erdbebenzone zwischen zwei kulturellen Kontinenten, der buddhistischen Welt und der muslimischen. Und*

*dort gibt es seit 200 Jahren in regelmäßigen Abständen Eruptionen (*Ley 2017).
Im letzen Jahrhundert wird die Welt durch die kommunistische Ideologie versus Kapitalismus in Atem gehalten, es sterben „Andersgläubige" zu Millionen in Kriegen in Korea, Vietnam, Laos und Kambodscha und durch Säuberungen und Gulag. *Die stärksten Kleber für solche potenziell aggressiven Gruppen sind Religion, Ethnie und Nationalismus. Deshalb ist das „internationale Proletariat" so ein Geniestreich. Marx und Engels erdachten gewissermaßen aus dem Nichts eine Gruppe, der man sich ohne Ansehen von Nation, Religion, Hautfarbe zugehörig fühlen kann (*Stöcker 2016).
Die schließlich bedingungslose Identifikation mit einer Gruppe in Abgrenzung zum Rest der Menschheit ist wohl der *entscheidende Faktor, dass Menschen sich radikalisieren (*Lüdemann 2016 (1)). Der Dschihadismus teilt die Welt in Rechtgläubige und den Rest der Welt. Diese Anderen demütigen und bedrohen Rechtgläubige, bringen ihre Angehörigen um und sie berauben ihnen ganz allgemein ihre Chancen. Sich dagegen zu wehren und die ihren zu beschützen, dafür ziehen diese Gotteskrieger in einen Kampf. Das erlaubt ihnen in ihrer Wahrnehmung, die Ungläubigen zu töten. Die Identifikation muss keine Religion, es kann auch die gleiche Nationalität, dieselbe Sprache, oder auch nur derselbe Leidensweg sein. Im Dschihad halten sich die Menschen für Muslime und argumentieren aus einer vermeintlichen Gläubigkeit heraus. *In Wahrheit aber kämpfen sie für Ihresgleichen – wie auch immer sie das definieren. Der Schlüssel für Frieden ist das Gefühl von Zusammengehörigkeit (*Lüdemann 2016 (1)). Wir haben dasselbe schon in Bezug auf Soldaten und Kameradschaft diskutiert. Und wir sollten das im Hinterkopf behalten, wenn wir an Regierungssysteme denken: Ein „Wir"-Gefühl zu erzeugen ist die wirkungsvollste Waffe in jedem politischen Kampf und

das geling leider am besten, wenn es gegen eine andere politische Gruppierung oder einen ausländischen Feind geht.

Aggressionsverschiebung

Glukokortikoid, ein Steroidhormonen aus der Nebennierenrinde, spielt bei der Stressverarbeitung eine herausragende Rolle. Es zeigt sich, dass es eine weiter sozial äußerst fragwürdige Methode gibt, die Glukokortikoid-Ausschüttung zu verringern: Aggressionsverschiebung! Bei Pavianen gehört *fast die Hälfte aller Aggressionshandlungen diesem Typus an – ein ranghohes Männchen verliert einen Kampf und jagt ein subadultes Männchen, das prompt ein Weibchen beißt, welches daraufhin ein Junges schlägt (*Sapolsky 2017, S. 175). Leider finden wir diese Art der Aggressionsverschiebung auch bei Menschen. Wenn im Sport eine Heimmannschaft unerwartet verliert, steigt das Risiko für Ehefrauen und Partnerinnen, vom Mann geschlagen zu werden. Allgemein zeigt sich: *Wenn Ungleichheit in Gewalt umschlägt, sehen wir meist die Armen Übergriffen anderer Armen ausgesetzt (*Sapolsky 2017, S. 385). Das mag ein weiterer biologisch verankerter Grund dafür sein, warum rassistische Gefühle entstehen: Einfache Arbeiter richten ihre Aggressionen gegen Zugewanderte, die sozial noch weniger privilegiert sind, um ihre Frustrationen abzubauen. Und so scheint auch der Rassismus gegen Schwarze oder lateinamerikanische Zuwanderer in den USA zu funktionieren: er richtet sich vom einfachen weißen Arbeiter gegen diejenigen, die noch weiter unten in der Hackordnung stehen.

Bock auf Gewalt

Wie wir bei der Diskussion des Gefangendilemmas sehen konnten, muss jedes Tier sich wehren können. Das gilt natürlich auch für uns Menschen. Als kooperatives Wesen muss sich der Mensch spätestens dann wehren können, wenn er ausgenutzt wird. Das der Mensch ein friedfertiger sei, kann daher nur ein Teil der Wahrheit sein. Tatsächlich ist der Mensch nicht nur fähig, Gewalt anzuwenden, er ist fähig, exzessive Gewalt anzuwenden. Dafür gibt es zahllose Belege: Seien es die Gladiatorenspiele in den Amphitheatern im Römischen Imperium, die zeigen, dass Gewalt auch lustvoll erlebt wird. Seien es die Folterexzesse im Strafrecht des Mittelalters oder in alter und neuer Zeit die Massaker auf den verschiedenen Kriegsschauplätzen. Von dort wird immer wieder berichtet, dass es nicht nur ums Töten geht, sondern um Grausamkeit. In Friedenszeiten befriedigen Boxkämpfe, Filme mit exzessiven Gewaltdarstellungen und Ego-Shooter-Spiel am Computer unsere Lustgefühle, die wir bei Gewaltanwendung verspüren. Grausame Gewalt wird nicht nur von Personen mit einer Persönlichkeitsstörung ausgeübt, und es braucht auch nicht Druck von oben, damit „normale" Menschen zu sadistischen Handlungen fähig werden. Thomas Elbert, Professor für Klinische Psychologie und Neuropsychologie findet bei einer Befragung von 213 Männer, die im Kongo gekämpft haben, dass fast die Hälfte der Befragten es genossen hatte, Gewalt auszuüben oder dabei zuzusehen. Ein Drittel berichtet von einem regelrechten Drang zu kämpfen. Etwa 20 von ihnen beschreiben das Gefecht als sexuell erregend. Bei weiteren Befragungen auf vier Kontinenten von Afghanistan bis Kolumbien geben Kämpfer ähnliche Auskünfte. Gewaltausübung wird intrinsisch als lustvoll erlebt – Menschen begehen

Grausamkeiten und morden, weil es sich gut anfühlt (Benz 2024).
Wahrscheinlich ist es eine Gemengelage aus Jagdlust, Statusstreben und entmenschlichender Etikettierung, gepaart mit selbst erlebten Gewaltereignissen, die zur Enthemmung des Menschen führen können (Benz 2024): Wie dargelegt, ist die gemeinschaftliche Jagd ein wesentlicher Nahrungserwerb in der Kaltzeit – Jäger, denen die Jagd – und damit das Töten – gefällt, haben einen Überlebensvorteil. Diese Jagdlust lässt sich auf menschliche Opfer übertragen, insbesondere, wenn man diese Menschen vorher „entmenschlicht", sie zu Tieren degradiert. Die Gegner zu entmenschlichen aktiviert zudem unser Ekelgefühl, wenn wir sie als Ratten und Kakerlaken bezeichnen. Damit setzen wir einen „Frame", einen Gefühlsrahmen, in dem wir dann weiter fühlen.
Ein Wesenszug aller Gewaltherrscher ist, zu zeigen, dass sie die Herren über Leben und Tod seien. Sie demonstrieren mit Grausamkeiten ihren Status. Ein Capo der Mara Salvatrucha, einer Mafiaorganisation aus Salvador, erzählt dem Reporter Miguel Helm: „Töte die Mitglieder anderer Banden – besser: Töte sie grausam. Also erschieße sie nicht, sondern entführe sie. Lass sie leiden. So gewinnst du Ansehen, so steigst du auf." (Helm 2024) Statusstreben in einer Armee führ vermutlich zu ähnlichen Taten, man will sich hervortun, zeigen was für ein „toller Hecht" man sei. Es ist eine unheilvolle Wechselwirkung: Gruppen mit starken Hierarchien neigen eher dazu, Gewalt gegenüber anderen Gruppen zu unterstützen und auszuüben. Und anders herum orientieren sich Menschen, die Gewalt erfahren haben, stärker an Autoritäten. Das gilt ebenso in Staaten mit autoritären Herrschern wie in Rockergruppen.
Auch die Aggressionsverschiebung mag eine Rolle spielen: Gewaltausübung tritt wesentlich häufiger in Kulturen auf, in denen Kinder routinemäßig körperlich

oder seelisch misshandelt werden oder wo ihnen Zuneigung verweigert wird (Benz 2024): Wer als Kind Gewalt erfährt, wird später eher Gewalttäter, und dabei leiden dann die Schwächeren – Ehepartnerinnen und Kinder.

Und schließlich führt auch unsere Neigung, „mitzumachen", weil alle es machen, zu Gewaltausübung. Wir identifizieren uns mit unserer In-Group und verstärken dieses Gefühl durch Abgrenzung zu Fremdgruppen. Das Streben nach Einmütigkeit verändert unser Denken und Handeln als Einzelperson. Eine latente vorhandene Lust an Gewaltausübung, gepaart mit Statusstreben, Entmenschlichung, Aggressionsverschiebung und der Orientierung an Anderen aus unserer Gemeinschaft führen dann bei Rassismus zu Gewaltexzessen.

Homo intellegens

Wenn wir von Rassismus sprechen, müssen wir „Rassen" identifizieren und anhand von Attributen sichtbar machen können. Mich interessiert hier nicht der ethnisch oder fremdkulturell konstruierte Rassismus, sondern der kaum sichtbare, aber deshalb wahrscheinlich um so besorgniserregende Rassismus, den wir alle in uns tragen, der um uns herum stattfindet, ohne dass er benannt wird. Er wird nicht benannt, weil wir ungern auf uns selbst zeigen.

Menschen, die sich über dieselben Ideale, Ideen oder Ideologien zusammenfinden, entwickeln ein gemeinschaftliches Weltbild. Der an dieser Stelle vorgestellte „Homo intellegens" steht hier als Synonym für eine soziale/geistige Elite. Allgemein versteht man unter dem Intellektuellen einen Menschen, *der wissenschaftlich, künstlerisch, philosophisch, religiös, literarisch oder journalistisch tätig ist, dort ausgewiesene Kompetenzen erworben hat und in öffentlichen Auseinandersetzungen kritisch oder affirmativ Position bezieht* (wikipedia 07).

Insbesondere ist H. intellegens das Feindbild der Populisten, welche gegen Eliten aus der Wissenschaft, den Medien und der Kultur in den politischen Krieg ziehen.

Die Verbreitung des H. intellegens erstreckt sich vorwiegend auf urbane Ökonischen. *Neue Lebensräume, neue Verhaltensweisen, neue Vorlieben bei der Partnerwahl – gibt es womöglich in der Zukunft nicht nur urbane Tierarten, sondern auch den Stadt-Menschen?* (Blage 2020). Polemisch lässt sich der vor allem geisteswissenschaftlich geschulte H. intellegens etwa so charakterisieren: Zunächst ist Intelligenz eine der Voraussetzungen dafür, ein Intellektueller zu sein.

Intelligenz ist eine der menschlichen Eigenschaften, die zu einem Teil genetisch vererbt wird. Der Intellektuelle stammt daher überwiegend aus einem intellektuell vorbelasteten Haushalt, schon die Eltern sind in der Regel klüger (und gebildeter) als der Normalo. Bildungschancen und Status werden wie materiellen Güter vererbt, und so hat der H. intellegens i.d.R. einen privilegierten Start ins Leben. Er pflegt seinen eigenen Sprachstil seinen „Soziolekt". Als Erwachsener ist er Akademiker und sein sozioökonomischer Status liegt über dem Durchschnitt. Der H. intellegens schickt als Bildungsbürger seine Kinder für ein Jahr ins Ausland, z.B. an eine Schule in den USA oder hält sie dazu an, Latein zu lernen (Klovert 2019). Gern schickt er sie auch auf Privatschulen, z.B. auf Waldorfschulen, auch wenn die Steinersche Anthroposophie erheblich esoterisch angehaucht ist, oder gerade deswegen. Esoterik ist irgendwie in Ordnung, Yoga muss sein. Apparatemedizin wird abgelehnt, es sei denn, man ist wirklich krank. Homöopathie und „Naturheilverfahren" sind auf alle Fälle die „gesündere" Medizin. Er wohnt sehr gern am Prenzlauer Berg unter seinesgleichen, kauft die Lebensmittel im Bio-Laden aus vorzugsweise biologisch-dynamischen Anbau, neigt zum Veganer-Dasein, ist insgesamt skeptisch gegenüber dem technischen Fortschritt, den er allerdings in jeder Form gern nutzt. Er achtet streng auf Political Correctness und führt das Elend der Entwicklungsländer auf postkoloniale Belastungsstörungen zurück. Er vertritt einen identitätspolitischen Standpunkt: Seiner Meinung nach sind Frauen, Homo-, Bi- und Transsexuelle unterprivilegierte Minderheiten. Im Idealfall ist er Feminist. Er ist gegen sexistische Werbung und für genderneutrale Toiletten. Im Fokus steht bei ihm nicht das Ideal der staatsbürgerlichen Gleichheit, sondern das der Besonderheit. Er sorgt sich um emotionale Kränkungen durch Mikroaggressionen, hat aber für Entdemokratisierung, wachsende wirtschaftliche

Ungleichheit und für die schmerzenden Knie eines Fliesenlegers im äußeren S-Bahnring nur noch ein selektives Sensorium (Bröning 2019). Er tritt gerne meinungsbildend in Erscheinung, wenn er die #metoo-Bewegung unterstützt oder die Fridays-For-Future-Bewegung für den Klimaschutz. Im äußersten Fall klebt er sich auch mal auf der Straße fest, weil er fürchtet, zur letzten Generation zu gehören, die diesen Planeten noch bewohnbar vorfand. Seine politische Weltsicht ist links mit Grünstich oder grünstichig links mit tiefsitzender Verachtung für das autofahrende, Fleisch essende und Karneval feiernde traditionelle Wählermilieu und merkt dabei nicht, wie sehr er mit all dem spaltet. Denn viele seiner Überzeugungen dienen der eigenen moralischen Überhöhung und der Abgrenzung gegenüber den Umweltfrevlern, Klimasündern, den Unterdrückern von Minderheiten und Frauen. Vieles davon ist ein kleines bisschen verlogen. So kämpft der weiße liberale (amerikanische) Feminismus zwar für die Quote in den Vorstandsetagen, nicht aber für *die Heerscharen von mexikanischen und schwarzen Kindermädchen, die unterdessen die Fürsorgearbeit leisten (*von Thadden 2016). Und in der Tat müssen wir uns fragen: „Wie moralisch haltbar ist es, dafür zu kämpfen, dass einige wenige Frauen auf einem Vorstandsposten gelangen (Frauenquote), wo sie ein obszön hohes Gehalt beziehen, während Frauen, die in prekären Berufen arbeiten, kaum in den Genuss feministischer Unterstützung kommen?" Wäre es nicht angemessener, die politischen Energien gegen ungerechtfertigte Gehaltsunterschiede zwischen der Vorstandsetage und dem einfachen Arbeiter einzusetzen? Davon würden die meisten Männer wie Frauen gleichermaßen profitieren. Statt dessen zementieren die Feministinnen mit ihrem Kampf die bestehenden Verhältnisse.
Dem H. intellegens steht der klassische BILD-Zeitungsleser gegenüber, der traditionell, langweilig

und ehrbar seine untere Mittelklasse oder seine Unterschicht lebt und, *im Fernsehen, in den Zeitungen, in den Reden der Politiker, in den Romanen und im Kabarett fast nur noch als rückständiges Auslaufmodell vorkommt. Der kleine brave Angestellte eine Lachnummer, die Hausfrau und Mutter fast schon ein reaktionärer Skandal, Vereine und Pauschalurlaube Symbole des dumpfen Spießertums (*Martenstein 2017). Etiketten sind eng mit Vorurteilen verbunden, und Vorurteile machen es uns leicht, andere abzuwerten. Oder um die Worte der Kabarettistin Lisa Eckhart etwas abzuwandeln: Es gilt für den H. intellegens bezogen auf die Kultur des Kleinbürgers, der noch Schweinebraten mit Sauerkraut statt Sushi ißt: „Kraut-Land ist Out-Land".

Den Kulturkampf, den sich der H. intellegens gegenüber dem einfachen, weniger gut verdienenden Mitbürger leistet, ist nicht immer fair: Der H. intellegens achtet auf seine Ernährung, vor allem isst er – wenn überhaupt noch – nur wenig Fleisch. Er tut dies wegen des Klimas und seiner Gesundheit zu liebe. Und wenn er Fleisch isst, dann nur von Tieren aus artgerechter Haltung von einem Bio-Hof. Als Veganer muss er sich sehr bewusst und gut informiert ernähren, auf Nahrungsergänzungsmittel und auf vegane Ersatzlebensmittel zurückgreifen. Andernfalls riskieren er eine Mangelernährung. Das ist nicht nur eine intellektuelle Herausforderung, es ist auch einfach teurer, als auf das Standartsortiment bei Aldi zuzugreifen. Die moralische Überhöhung eines Luxuslebensstils mit Biofleisch und veganem Käse kann sich der ehrliche Malocher oder die allein erziehende Mutter kaum leisten. Die Botschaft des H. intellegens ist dabei herabwürdigend: Du bist dumm, weil du dich u. a. von Schweinefleisch ernährst, was deiner Gesundheit schadet. Du bist selbst ein Schwein, weil Du damit dem Klima schadest. Und nebenbei bemerkt: Du bist ärmer als ich, weil Du Dir kein

Biofleisch leisten kannst. Was diese Botschaft über die eigenen Armut für die Unterprivilegierten bedeutet, wird noch zu besprechen sein.

Wir müssen uns also nicht über *Aggression gegen Veganer wundern. Sie ergibt sich nicht wegen ihrer Lebensweise, die ja nun wirklich niemandem wehtut [...], sondern wegen der Distinktion, mit der sich Veganer von allen anderen abspalten. Sagt einer beim Anblick eines Zürcher Geschnetzelten einfach, gerade keinen Hunger drauf, oder "meh", würde es kein Aufsehen erregen. Sagt er aber, "Ich bin Veganer, ich esse das nicht", ordnet er sich selbst und alle Umstehenden automatisch in ein System mehr oder minder Ernährungs- und Umweltbewusster ein. Gefällt nicht jedem (*von Rönne 2017). Veganer, Umweltschützer und Kämpfer gegen den Klimawandel radikalisieren sich zunehmend als „Gutmenschen" in Opposition zu den Umweltfrevlern und Klimasündern – da ist eine gewisse Form des Rassismus nicht mehr fern.

Auf zu einer neuen Spezies

Ähnlich, wie sich Darwin-Finken oder die Cichliden-Arten im Malawi-See unterschiedliche Nahrungsquellen erschlossen und damit die Aufspaltung in eigene Arten einleiten, bestreiten Eliten ihren Unterhalt auf ganz andere Art und Weise als die Arbeiter und Angestellten. *Die intelligenteren Menschen beschreiten einen neuen Weg in der Evolution. Im Geiste beweglicher, wagen sie sich viel eher an neue Aufgaben, die sich von den bisherigen Tätigkeiten unterscheiden und tun sich leichter bei Werten und Lebensstil umzudenken (*Bauermeister 2012).

Bei den Buntbarschen der Ostafrikanischen Seen hatten wir die Rolle der Weibchen für die Artenbildung besprochen: Die Vorliebe für ganz spezielle Verhaltensweisen und Farbmuster schloss wirkungsvoll artfremde Männchen aus: *Die Partnerwahl gewährleistet bei vielen Buntbarschen die Artgrenze*, und nicht etwa die reproduktive Isolation von anderen Fortpflanzungsgemeinschaften, wie nach der Definition von Ernst Mayr zu erwarten wäre (Stiassny & Meyer 1999, S.39). Diese reproduktive Isolation finden wir, etwas subtiler, auch bei uns Menschen: Die „Hypothese von den guten Genen" besagt, dass sich bei monogamen Arten – das sind neben uns Menschen bei Primaten ca. 29 Prozent – diejenigen Partner gegenseitig wählen, die die besten Gene haben. Dementsprechend müssen dann Individuen mit nicht so attraktiven Genen mit Partnern vorlieb nehmen, die ebenso nur über weniger attraktive Gene verfügen (Christakis 2019, S. 225). Auf diese Weise sorgt die Evolution – theoretisch – dafür, dass sich vorteilhafte Gene in einer Population ausbreiten. Denn die Paare mit den attraktiven Genen dürften auf die Dauer mehr Nachkommen zeugen, als Paare mit weniger vorteilhaften Genen. (Das das in der Praxis nicht stimmt, liegt an einem anderen Mechanismus, der hier nicht weiter diskutiert werden soll.) Ähnliche Effekte gelten analog auch für „die Hypothese von den guten Softgenen. Die Analogie zu den „vorteilhaften Genen" ist dabei Bildung und der damit verbundene „soziale Status": Es ist vorteilhaft, Freunde mit hohem sozialen Status zu haben. Diese wiederum können sich, weil sie begehrenswert sind, ihre Freunde und Geschlechtspartner auswählen und das tun sie ebenfalls nach Status. Hoher Status heiratet hohen Status. Weniger Beliebte freunden sich dann notgedrungen mit weniger Beliebten an. *Diese Art von Sortierung führt zu einer auf Status basierenden Gesellschaft, in der sich Individuen mit gleichrangigen Artgenossen zusammen tun (*Christakis 2019, S. 248).

Hierarchisch geschichtete Gemeinschaften mit augenscheinlicher genetischer Isolation finden wir schon in der Frühzeit der Menschengeschichte: Gräber aus der Zeit der Michelsberger Kultur (etwa 4400–3600 v. Chr.) bei Gougenheim im Elsas legen nah, *dass die dortige damalige Gesellschaft in mehrere Schichten gegliedert und das eine Vermischung zwischen den Angehörigen bestimmter sozialer Gruppen unerwünscht war (*Podbregar 2020). Auch heute noch, in unserer demokratischen Gesellschaft heiraten wir in der Regel Partner aus unserem sozialen Umfeld, jemanden auf Augenhöhe. Akademiker heiraten in der Regel Akademikerinnen, die Soziologen nennen es Isogamie. Anisogamie ist eher selten und wenn, dann ist die Durchlässigkeit der sozialen Schichten nach oben fast nur für Frauen gegeben: Aschenputtel kriegt den König, aber kein Kohleknecht heiratet eine Prinzessin. Aber sehr oft ist die Durchlässigkeit sozialer Schichten vor allem ein Märchen. Damit haben wir langfristig die Gefahr einer Aufspaltung in unterschiedliche Hominidenarten entlang tiefgreifender kultureller Unterschiede, unterschiedlicher ökonomischer Nischen und absehbar auch unterschiedlicher genetischer Ausstattung. Die Orcas in den Weltmeeren und die Cichliden in den afrikanischen Seen machen es uns vor. An dieser Stelle wird Rassismus im eigentlichen Sinne sehr real.

Menschliche Gendrift

Wir hatten bereits gesehen, dass evolutionäre Veränderungen keine langen Zeiträume benötigten. Das galt und gilt auch für die genetische Ausstattung des Menschen. Der Evolutionsbiologe Philipp Mitteröcker von der Universität Wien verweist auf das Beispiel des weiblichen Beckens: Die Form dieses Beckens ist ein Kompromiss zwischen einem möglichst breiten

Becken, um eine sichere Geburt zu gewährleisten, und einem möglichst schmalen Becken, um das Gewicht der inneren Organe zu tragen. Nun gilt: Je größer das Neugeborene, umso höher sind seine Überlebenschancen nach der Geburt. Aber mit der Größe des Kopfes steigt für das Kind auch die Gefahr, nicht unbeschadet durch den Geburtskanal zu kommen. Als nun in den 1950er und -60er-Jahren die nahezu gefahrlose Durchführung von Kaiserschnitten aufkommt, wird die Selektion für einen großen Geburtskanal und für kleine Neugeborene deutlich schwächer, Frauen mit schmalen Becken sterben nun nicht mehr an Geburtskomplikationen, wenn das Kind zu groß war. *In den letzten 60 Jahren nimmt dadurch die Rate an Schädel-Becken Missverhältnissen vermutlich bereits um etwa einen halben Prozentpunkt zu (*Brodicky 2018).

Einen ähnlichen Befund, der in eine soziokulturelle Richtung deutet, haben Wissenschaftler an der Yale-University für die USA festgestellt. Frauen werden dort aktuell kleiner und gedrungener: *Sie tragen auf immer kürzeren Beinen immer mehr Körpergewicht. Die Gründe dafür sind ebenso trivial wie anti-feministisch: Dieser Frauen-Typus hat viele Kinder, während schlanke Frauen sich statistisch öfter für den Beruf anstatt für die Familie entscheiden (*Zittlau 2012).

Der Genetiker Abdel Abdellaoui hat das Genom eines bedeutenden Teils der Bevölkerung des ehemaligen Steinkohlegürtels des Vereinigten Königreichs untersucht, wo 2015 das letzte der Bergwerke geschlossen wurde. Mit den Bergwerken verschwinden die Jobs. Nun findet der Forscher bei den dortigen Einwohnern eine Häufung benachteiligender DNA-Variante. *So sind zum Beispiel bestimmte genetische Signaturen mit einem insgesamt kürzeren Schulbesuch assoziiert. Andere Gensignaturen scheinen – allerdings mit statistisch geringerer Signifikanz – mit einem niedrigeren sozioökonomischen Status der Genspender*

zu korrelieren. Abdellaoui führt das Ergebnis darauf zurück, dass Menschen mit höherem Bildungsabschluss eher wegziehen, weil sie woanders Arbeit finden. Zurück bleiben Menschen mit niedrigem Bildungsabschluss und geringem Einkommen. Und diese Art der Selektion könnte anhalten. *Wenn das über mehrere Generationen hinweg so weitergeht, dann riskiert man, die bereits bestehende soziale Ungleichheit durch biologisch unterfütterte Ungleichheiten weiter zu verstärken (*Adam 2019).
Wie erwähnt, beschreiten intelligentere Menschen neue Weg in der Evolution. Im Steinkohlegürtel wird aus der soziologischen Grenze innerhalb einer Gemeinschaft eine geographische Grenze, die unterschiedlichen sozialen Gruppen trennen sich räumlich – der klassische Fall einer beginnenden neuen Artenbildung.

Soziologische Gendrift

Eine gängige Annahme über Rassismus lautet, dass aus unterschiedlichem Aussehen auf unterschiedliche Genausstattungen geschlossen wird und sich daraus höher entwickelte und eher unterentwickelte Rassen ableiten lassen könnten. Am Beispiel der Orcas konnten wir sehen, dass nicht (nur) eine unterschiedliche Geneausstattung zur Aufspaltung in unterschiedliche Arten führt, sondern auch kulturelle Eigenheiten.
Dass sich Menschen auf diesem Planeten hinsichtlich ihre Genausstattung soweit unterscheiden, das man von unterschiedlichen „Rassen" sprechen könnte, haben die Genetiker widerlegt. Das Konzept der „Rasse" ist dann eher das Ergebnis von Rassismus und nicht dessen Voraussetzung. Hier müssen wir nun anfügen, dass Rassismus langfristig zu einer Gendrift beiträgt, weil sozioökonomische Gruppen isogam heiraten und sich so dem genetischen Austausch mehr oder weniger

verweigern. Auf diese Weise könnte es tatsächlich langfristig zu unterschiedlichen Genausstattungen von Bevölkerungsteilen kommen. Dabei stabilisieren und vertiefen Aus- und Abgrenzungen allmählich und langfristig die Andersartigkeit. Wir haben diese "sympatrische Speziation" bereits bei Walen gesehen, die durch zwei Mechanismen verursacht wird: (1) die Anziehung von Gleichem und (2) den sozialen Konformismus.

Diese heraufdämmernde neue „Artengrenzen" bezieht sich zu Anfang nicht darauf, dass keine genetische Durchmischung mehr möglich ist, sondern dass diese „Gendrift" auf die unterschiedliche Ausstattung mit Softgenen zurückgeführt werden kann. Dabei entsteht eine gefühlsbedingte Barriere, die ähnlich wie eine geographische Isolierung wirkt. Auf diese Weise werden schließlich Klassenunterschiede zu Rassenunterschieden und umgekehrt.

Variation ist eine Grundvoraussetzung für evolutionäre Entwicklung. Innerhalb einer Spezies gibt es nicht ein und dasselbe Genom, sondern breit verteilte Variationen, die beim Sex auch immer wieder neu rekombiniert werden. Allerdings führen zu große Abweichungen im Genom dazu, dass die mütterlichen und väterlichen Gene nicht mehr zusammenpassen, die beiden Sexpartner gehören dann zu unterschiedlichen Arten. Ähnliches können wir bei den Softgenen vermuten: Klaffen die Weltbilder zu sehr auseinander, ist kein fruchtbarer Gedankenaustausch mehr möglich – eine sexuelle Verbindung wird dann höchst unwahrscheinlich – die Inhaber solcher auseinanderklaffenden Weltbilder wollen dann nicht mehr miteinander Kinder zeugen. Diese heute immer deutlicher hervortretende „Softgen-Drift" vertieft sich infolge der sozialen Abgrenzungen immer weiter.

Eine dunkle Bedrohung

Diesen Entwicklungen werden vermutlich noch durch den wissenschaftliche Fortschritt verstärkt werden: Genmanipulation in Richtung der Optimierung des Nachwuchses werden immer einfacher durchführbar und damit immer wahrscheinlicher. Der Mensch hat schon seit alters an seinem Körper herumgebastelt, Haare und Fingernägel geschnitten, die Haut tätowiert, oder die Nasenscheidewand durchstochen, um einen Knochen dort durchzuschieben, und so seine Erscheinung verändert. Das Ziel dabei ist nicht zuletzt, die Zugehörigkeit zu einer Gruppe zu signalisieren und sich von anderen Gruppen von Menschen zu unterscheiden.

Heute kommen neue Entwicklungen dazu, die gerade mit Macht einsetzen: Die Evolution unserer Softgene ist soweit gediehen, dass wir nun in der Lage sind, direkt auf unsere Biologie Einfluss zu nehmen. Bei der Präimplantationsdiagnostik werden befruchtete Eizellen vor der Implantation in die Gebärmutter auf Erbkrankheiten untersucht. Eizellen, bei denen die Wahrscheinlichkeit besteht, dass sie sich zu Embryonen mit genetischen Defekten entwickeln, werden verworfen, noch bevor sie in die Gebärmutter eingepflanzt werden. Bei der Pränataldiagnostik werden in den ersten Schwangerschaftswochen Fruchtwasseruntersuchungen oder Bluttests durchgeführt, um unerwünschte Mutationen wie Trisomie 21 pränatal zu entdecken und solche Embryonen gezielt abzutreiben. In Ländern, in denen Familien sich eher männliche Kinder wünschen, wie in China oder Indien, werden – obwohl es illegal ist – gezielt weibliche Föten abgetrieben, mit noch unabsehbaren soziologischen Folgen. Einen Schritt weiter geht der Harvard-Molekularbiologen George Church (Schlak 2020). Er verfolgt den Plan, eine genetische Dating-App zu entwickeln, mit der seltene

Erbkrankheiten ausgerottet werden sollen. Der Plan sieht vor, dass sich Paare mit denselben Anlagen von Erbkrankheiten gar nicht erst kennen lernen.
Ohne viel Phantasie können wir vermuten, dass das erst die Anfänge einer Entwicklung sind, hin zu einer genetischen Optimierung des Menschen. Forscher haben dafür ein mächtiges Werkzeug entwickelt: Mit dem CRISPR-Cas9 Verfahren zum Gene-Editing ist die direkte Manipulation des menschlichen Genoms quasi „garagentauglich" geworden. Wer es sich leisten kann, wird in baldiger Zukunft versuchen, seinen Nachwuchs über dieses Verfahren zu optimieren. Wer glaubt, diese Entwicklung wäre aufzuhalten, negiert den Leidensdruck, den Erbkrankheiten erzeugen. Wenn aber erst einmal Techniken etabliert sind, die gezielt Erbschäden im Genom ausmerzen können, ist es nur noch ein kleiner Schritt für die Menschheit, ans Verbessern zu denken. Forschungen in diese Richtung gibt es bereits. Der chinesische Forscher He Jiankui behauptet, das Genom der Zwillinge Nana und Lulu so verändert zu haben, dass sie vor Aids geschützt seien. Als erste Nachricht dieser Art löste sie noch einen Proteststurm aus. Aber das wird sicherlich nicht so bleiben. Heute kostet eine Genomuntersuchung weniger als ein großes Blutbild. Auch wenn es z.Zt. noch ein No Go ist, am menschlichen Genom herumzubasteln, so wird es zumindest gut vorstellbar, *dass es für junge Eltern Routine wird, das Genom ihres Neugeborenen zu entschlüsseln (*Krause 2021, S. 18).
Nacktmulle sind mausähnliche Nagetiere, die vorwiegend unterirdisch in den Halbwüsten Ostafrikas leben und wie ihr Name schon andeutet, fast haarlos sind. Die Tiere sind nahezu resistent gegen Krebs und können längere Zeit ohne Sauerstoff auskommen. Und das ist nicht das Einzige, was das Interesse der Forscher am Genom der Nackmulle geweckt hat. Denn Nackmulle leben erstaunlich lange für Säugetiere dieser Art. Forscher fahnden bei diesen Tieren nach der

genetischen Ursache für diese außerordentliche Langlebigkeit. Wenn die Wissenschaftler das herausgefunden haben werden, wird es ein logischer Schritt sein, zu überlegen, wie wir das menschliche Genom verändern müssen, damit auch der Mensch länger leben kann – denn wenn Erbkrankheiten schon ein erhebliches Ärgernis darstellt, der Tod ist sicherlich der größere Schrecken.

Mit der Gentechnik wird der Mensch seine innerste Natur als kulturelles Produkt verändern, der Mensch selbst wird zu einem Artefakt – oder anders herum betrachtet: Die Kultur wird ununterscheidbar zur Natur des Menschen.

Schon immer versuchte die Oberschicht, ihre Attraktivität zu steigern, sei es durch Kleidung, Schmuck oder Schminke, um sich so vom gemeinen Volk abzuheben. Heute haben die Reichen und Schönen die zusätzliche Möglichkeiten, sich durch Schönheitsoperationen von den Makeln der normalen Körperlichkeit zu befreien. Diese privilegierten Eliten werden früher oder später auch genetisch optimierte Kinder in die Welt setzen wollen, die sich dann mit anderen optimierten Kindern einlassen werden. Über ein paar Generationen hinweg werden diese Nachkommen schließlich tatsächlich andersartig sein, während den Unterprivilegierten möglicher Weise das Geld für das Design ihrer Kinder fehlen wird. Spätestens dann würde die kulturelle Artenbildung in eine biologische Artenbildung übergehen und dass, was wir heute Rassismus nennen, hätte eine tatsächliche genetische Grundlage mit schwer absehbaren Folgen für das Zusammenleben. Eine neue Art Homo wäre entstanden, der vielleicht den Namen H. intellegens tragen wird.

Eine neue Sicht der Dinge

Was uns von anderen Primaten mit am deutlichsten unterscheidet ist die große Zahl von Individuen, die nicht miteinander verwandt sind und mit denen wir trotzdem friedlich zusammen in einer Gemeinschaft leben. Der Mensch ist ein Herdentier, ein „ultrasoziales Wesen". Unsere Überlegenheit gegenüber allen anderen Lebewesen verdanken wir unserer Kooperationsfähigkeit – einem Mit- und Füreinander, das Einfühlungsvermögen und Hilfsbereitschaft einschließt und uns erlaubt, innovativ zu sein. Leider schöpfen wir dieses Potential nicht besonders gut aus. Wenn wir anerkennen, dass alle Menschen dieselbe Biologie haben und damit auch einen gleich arbeitenden Verstand besitzen, dann unterscheidet sich das Denken und Handeln des weißen Europäers nicht grundsätzlich vom Denken der Menschen mit anders pigmentierter Haut. Und mit der prinzipiell gleichen Geistestätigkeit des Menschen ergibt sich, dass für gleichartige Problem auch gleichartige Lösungen gesucht und gefunden werden können. Aus diesem Grund unterscheiden wir uns auf der Erde nicht prinzipiell in unserer Kultur, in unseren Softgenen. Umgekehrt gilt: Wenn wir von unterschiedlichen Grundlagen ausgehen, kommen wir auch zu unterschiedlichen Einsichten. Menschen, die daran glauben, dass das Jüngste Gericht und die Wiederkehr des Messias noch zu ihren Lebzeiten stattfinden werden – davon soll es in den USA eine Menge Menschen geben – werden sich keine Gedanken um die langfristigen Folgen des Klimawandels machen. Die meisten Wissenschaftler hingegen gehen davon aus, dass die Folgen des Klimawandels auch und gerade nachfolgende Generationen betreffen werden. Daher müssen wir Anstrengungen unternehmen, die Erderwärmung zu begrenzen. Aber leider gehen selbst die verschiedenen Wissenschaften nicht alle von denselben Voraussetzungen aus. Das ist mindestens suboptimal!

Wider dem Schisma

Im Laufe des 19. Jahrhunderts hatte sich, in den Wissenschaften eine Polarität herausgebildet mit den erfolgreichen, das Gesicht der Welt prägenden Naturwissenschaften auf der einen Seite und die in Enklaven zurückgedrängten, oft gekränkten wie elitären Geisteswissenschaften auf der anderen Seite. Dazwischen hat sich ein tiefer Graben aufgetan (Kröll & Pesendorfer 2010).
Wenn hier und im weiteren auf die Geisteswissenschaften verwiesen wird, so ist das, natürlich viel zu pauschal. Viele Wissenschaftler dieser Fachrichtungen und allgemein viele Intellektuelle bauen ihr Weltbild auf Erkenntnisse aus den Naturwissenschaften auf. Und, historisch weit zurückblickend, gab es sowieso lange nur eine Wissenschaft, die Naturphilosophie. Aber irgendwann spätestens im 19. Jahrhundert, in der Epoche der Romantik, trennten sich Geistes- und Naturwissenschaften. Die Romantik beförderte eine Mystifizierung der Natur und Respiritualisierung des Denkens, eine sich weitende Distanz zu den als „kalt" gefühlten Naturwissenschaft. Wilhelm Dilthey (1833 – 1911) kann als einer der Begründer dieses Schismas gelten mit der Aussage: *Nur was der Geist geschaffen hat, versteht er. Die Natur, der Gegenstand der Naturwissenschaft, umfasst die unabhängig vom Wirken des Geistes hervorgebrachte Wirklichkeit. Alles, dem der Mensch wirkend sein Gepräge*

*aufgedrückt hat, bildet den Gegenstand der Geisteswissenschaften (*Dilthey 1910 S. 53).
Die Abgrenzung der Kulturwissenschaften den Naturwissenschaften ist für die Lösung von globalen Problemen mindestens suboptimal. Für die Klimaproblematik müssen nicht nur technische Lösungen gefunden, sondern auch Wege aufgezeigt werden, wie diese Lösungen wirtschaftlich und politisch durchgesetzt werden können. Dafür ist eine Zusammenarbeit aller Wissenschaften nötig.
Seuchen und Klimawandel kennen keine nationalen oder ethnischen Grenzen. Der Medizinhistoriker Alexandre White weißt in Bezug auf die Corona-Epidemie in einem Spiegel-Interview darauf hin, was sich schon in der Vergangenheit gezeigt hatte: Ausgrenzung, Rassismus und Fremdenfeindlichkeit verlangsamen eine Pandemiebekämpfung (Iken 2020). Ähnliches gilt für den Klimawandel. Wir benötigen Geisteswissenschaften, die auf der Grundlage naturwissenschaftlicher Erkenntnisse – und nicht etwa in Gegnerschaft zu diesen – Ideen entwickeln, wie diese globale Krise bewältigt werden kann.
Es gibt durchaus eine Parallele zwischen Rassismus und dem Schisma der Wissenschaften. Die Abgrenzungen innerhalb der Wissenschaften beruhen auf unterschiedlichen Weltbildern, also auf ausschließlich softgenetischen Unterschieden. Die In-Group wird positiv überhöht, die Out-Group wird herabgewürdigt. In den Humanwissenschaften geschieht das z. B. durch den von Wilhelm Dilthey geprägten Spruch: Die Natur können wir erklären, aber das Geistige können wir verstehen. Damit stellt er die Geisteswissenschaften über die Naturwissenschaften, denn „Verstehen" ist eine höhere intellektuelle Leistung als das einfache „erklären".
Aber, so formuliert es Richard David Precht, *Verstehen bedeutet, etwas auf etwas anderes zu beziehen (*Precht 2007, S. 101). In Erweiterung es berühmten Zitats von

Theodosius Dobzhansky: „Nichts in der Biologie macht Sinn außer im Licht der Evolution!" müssen wir ergänzen: „Auch bezogen auf die menschliche Kultur macht nichts Sinn, außer man betrachtet es im Licht der Evolution." Die Anfänge unserer Geschichte sehen wir in der Urzeit, in den ersten Tümpeln des Lebens, vielleicht in Form eines RNS-Moleküls. Und von da an sammelt das Leben auf der Erde Erfahrungen, und bewahrt sie in seinen Genen. Und immer, wenn neues Leben geschaffen wird, bezieht es sich auf diese in Genen gegossenen Erfahrungen, zu denen alsbald auch die kulturellen Überlieferungen treten. Wir können das menschliche Sein nur verstehen, wenn wir unsere Evolution verstehen.
Der folgende Teil des Buches ist der Vertiefung der bisherigen Erzählstränge gewidmet und soll darüber hinaus Lösungsansätze aufzeigen.

H. intellegens und Naturwissenschaften

Glaubt man Randall Collins, einem US-amerikanischen Soziologen, der immerhin von 2010 bis 2011 Präsident der American Sociological Association war, so verwerfen die amerikanischen Intellektuellen die Evolutionstheorie heute größtenteils, u.a. wegen *der traditionellen Gegnerschaft zwischen interpretatorischer und positivistischen Herangehensweisen, das heißt, zwischen Geistes- und Naturwissenschaften (*Collins 2011, S. 45). Ohne Evolutionstheorie gäbe es allerdings keine Medikamente, die mit Hilfe von Tiermodellen entwickelt wurden, keine Paläontologie, die den Stammbaum des Lebens untersucht und letztlich gäbe es auch keine Gentechnik. Dabei sind die Gegner der Evolutionstheorie und/oder der Gentechnik ziemlich inkonsequent: Geht es um das eigene Wohlbefinden, schweigen sie geflissentlich. Im Februar 2023 waren in

Deutschland ca. 362 Biopharmazeutika mit Wirkstoffen zugelassen, die gentechnisch hergestellt werden. Aber zum Glück muss man nicht an die Evolution und die Gentechnik glauben, damit ein Medikament wirkt. Und so würde wohl auch kaum ein amerikanischen Intellektueller ernsthaft auf diese Medikamente verzichten wollen.

Wissenschaftliche Ergebnisse werden ganz allgemein, wenn sie im Gegensatz zu den eigenen, lange gehegten weltanschaulichen Ansichten stehen, *von beiden Seiten des politischen Spektrums abgelehnt (*Rühle 2018). Beide Flügel des politischen Spektrums zeichnet eine gewisse Wissenschaftsfeindlichkeit aus. Die (amerikanischen) Rechten lehnen die Evolutionstheorie ab, weil sie nicht in ihr religiöses Weltbild von der Schöpfung durch Gott passt. Vom eher links gestrickten H. inellegens werden vor allem die Kernkraft und die Gentechnik verteufelt und auch der Kapitalismus und ganz allgemein der technische Fortschritt.

Im Lichte des Klimawandels ist die Kernkraft vielleicht nicht das größere Übel, und sie ist weit weniger gefährlich, als angenommen wird (Ebert 2019). Die Gentechnik gehört ganz sicher zu den wichtigsten Technologien des neuen Jahrtausends und hat ihren schlechten Ruf zu unrecht. Das Problematischste am H. intellegens allerdings ist eine gewissen Fortschrittsfeindlichkeit, bei der z.B. unterstellt wird, der Verzicht auf jegliches Fleisch und Flugreisen könnte unsere Welt vor einem Hitzetod retten. Das ist weder ausreichend noch machbar und einer gewissen Naturromantik geschuldet, die wir uns nicht leisten können. Denn bis auf weiteres wird für die Welternährung eine ausstreichende Proteinversorgung nötig bleiben, die zur Zeit nur über Fisch und Fleisch gewährleistet werden kann. Und den globalen Waren- und Personenverkehr lahm zu legen würde ernsthafte wirtschaftliche Folgen haben und uns global

voneinander entfremden. Und vor allem würde es
verhindern, dass Luftfahrtindustrien in
umweltfreundlicheres Fliegen investieren, den
Investitionen muss man sich leisten können.

Technikfeindlichkeit

Der deutscher Philosoph, Kulturwissenschaftler und
Publizist Peter Sloterdijk preist die Homöopathie als
*plausibel und unglaublich in einem, rätselhaft und
wirkungsvoll* (Grill & Hackenbroch 2010). Dem steht
allerdings, bezogen auf die Wirksamkeit, die
Übersichtsstudie im Auftrag der australischen
Gesundheitsbehörde NHMRC von 2015 gegenüber:
Nach der Auswertung von mehr als 1.800
Homöopathie-Studien kommt sie zu einem
gegenteiligen Ergebnis: Es gibt kein denkbares Leiden,
für das ein homöopathisches Mittel zur Therapie
empfohlen werden könnte (Lüdemann 2016 (2)).
Peter Sloterdijk tut schlecht daran, wenn er einer
mystischen rückwärtsgewandten Homöopathie seinen
philosophischen Ritterschlag erteilt und nebenbei damit
die evidenzbasierte Medizin herabsetzt. Dabei ist es
ähnlich wie – oben beschrieben – bei der Gentechnik:
Wer an die Homöopathie glaubt, rennt bei Schnupfen
und Heiserkeit zum Heilpraktiker. Wenn es aber
lebensbedrohend ist, vertrauen die meisten dann doch
lieber der „Apparatemedizin". Ehrbar wäre es von
Sloterdijk, darüber zu philosophieren, wie ein rascher
technischer Fortschrittes die Welt retten kann. Man
denke nur daran, dass vor rund einem Jahrzehnt (2010)
die Entwicklung eines Impfstoffes gegen das Corona-
Virus SARS-CoV-2 vermutlich mehrere Jahre gedauert
hätte. Ein Vakzin gegen die Lungenkrankheit Mers, die
ebenfalls durch einen Coronavirus (MERS-CoV)
hervorgerufen wird, wird in Hamburg seit 2014
entwickelt und gelangt erst 2020 in die

Erprobungsphase I (DZIF 2020). Im Jahr 2019 dauerte die Impfstoffentwicklung gegen SARS-CoV-2 bis zur Zulassung des Vakzins nur noch ungefähr ein Jahr! Technikfeindlichkeit ist allgemein beim H. intellegens, und im Besonderen in der 68er Generation tief verwurzelt, die Generation, die heute die Schalthebeln der Macht bedient. In Folge dieser Tradition werden die großen Errungenschaften in den Naturwissenschaften, in der Technologie und sogar in der Medizin zunehmend kritisiert, obwohl die Lebensvorteile für den Menschen es gegenmenschlich machen würden, auf diese Fortschritte zu verzichten. Dies ist eine der großen Tragödien des Schismas, dass die Wissenschaften durchzieht: Als sich die Geisteswissenschaften aufmachen, sich über und neben die Naturwissenschaften zu stellen, legen sie sich im Zuge ihrer kulturellen Identifikation als „ethnische Marker" die Kritik am Technikfortschritt zu. Es ist das ewige Lied von In-Group und Out-Group und: Wir wissen wie man die Dinge richtig macht sie wissen es nicht.

Wer auch nur andenkt, technische Gegenmaßnahmen gegen die Klimaerwärmung zu ergreifen, wird in intellektuelllastigen Blättern wie dem Spiegel als „Klima-Klempner" diffamiert. Aber sind diese Bedenken Grund genug, jede Form von Eingriff ins Klima zu ächten? Das, meint der Klimaforscher David Keith, werde sich die Menschheit nicht leisten können. *Die Natur so zu bewahren, wie der Mensch sie vorgefunden hat, mag als hehres Ziel erscheinen. Doch diese unberührte Natur gibt es nicht mehr. Der Mensch hat die Ära des Geo-Engineering längst eröffnet. Er hat die Zusammensetzung der Atmosphäre verändert und mit ihr das Klima. Es wird ihm deshalb nichts anderes übrig bleiben, als die Verantwortung, die er damit auf sich geladen hat, anzunehmen* (Grolle 2014).

Früher war es nicht besser

Unsere Psyche neigt dazu, die Vergangenheit zu verklären und die Gegenwart und Zukunft düsterer zu malen, als sie sein wird. Das mag vielleicht daran liegen, dass wir alle die Vergangenheit überlebt haben, während uns in der Zukunft der sichere Tod erwartet. Kriege, Gewaltverbrechen, Naturkatastrophen und Korruption nehmen immer stärker zu, die Reichen werden immer reicher, die Armen immer ärmer und bald gehen uns die Ressourcen aus. Das ist die Weltsicht der meisten Menschen auf dieser Erde, spätestens, seit die Wirtschafts- und Umweltwissenschaftler Meadows, Meadows, Zahn und Milling im Namen des Club of Rome die Welt 1971 mit ihrem Buch: „Die Grenzen des Wachstums" darauf eingeschworen haben, dass der Welt bald die Rohstoffe ausgehen werden, die Umweltverschmutzung die Welt in eine Müllhalde verwandeln und die Bevölkerungsexplosion ihr übriges tun wird, die Welt zu einem sehr ungemütlichen Ort zu machen. Schon damals wird gegen die Analysen des Club of Rome eingewendet, dass die Möglichkeiten der Wissenschaften und der technischen Fortschritte bei der Lösung bestimmter Probleme nicht berücksichtigt werden (Meadows et al. 1972, S. 166). Es stellt sich dann heraus, was schon Mark Twain weiß: „Prognosen sind schwierig, vor allem, wenn sie die Zukunft betreffen." Denn tatsächlich erweisen sich die düsteren Prophezeiungen des Club of Rome als mindestens stark übertrieben. Dies vor allem wegen der Evolution unserer technologischen Güter, aber auch einfach wegen eines emanzipatorischen und bildungspolitischen Fortschritts: Die zunehmende Beteiligung von Frauen am Wirtschaftsleben und eine Bildungsoffensive in den meisten Ländern der Welt führen zu einer dramatischen Abnahme der Geburtenrate. Heute spricht niemand mehr von einer

Bevölkerungsexplosion. Ist man noch Ende des 20. Jahrhunderts der Auffassung, mit dem Ende des Erdöls würde ein drastischen Energiemangel auf die Welt zukommen, so wissen wir heute, dass wir allein durch Innovationen in Sonnen- und Windenergie mehr als genug Energie zur Verfügung haben werden. Und der Umbruch zu diesen nachhaltigen Techniken erfolgt gerade jetzt.

Die Nachrichtenquellen berichten vorzugsweise über Katastrophen, Mord, Terrorismus und Wirtschaftskrisen. Ein möglicher Grund dafür ist, dass alle komplexeren Nervensysteme, also auch unser Primatengehirne, dazu tendieren, bedrohliche Situationen bevorzugt zu beachten und zu bearbeiten und dies aus guten Grund: Die bedrohlichen Augen einer Großkatze fordern sofortige und ungeteilte Aufmerksamkeit, hinter der alles andere erst einmal zurücktreten muss. Im Gegensatz dazu ist eine Nachricht, dass heute in Berlin niemand ermordet wurde, nichts, was uns aufschrecken würde und Aufmerksam werden ließe. Dabei wäre das für Journalisten eine sichere Bank: Die Bildzeitung hätte diese Schlagzeile 2022 an 327 von 365 Tagen auf die erste Seite setzen können (Landeskriminalamt Berlin 2022). Die Konzentration auf schlechte Nachrichten schafft eine verzerrte Sicht auf die Wirklichkeit. Hans Rosling nennt es die überdramatisierte Weltsicht und die vorherrschende Untergangsstimmung eine *toxische Kombination aus Ignoranz und Arroganz (*Mingels 2014). Entgegen unserer Wahrnehmung geht es der Welt heute so gut wie nie. Fragt man in England oder Schweden nach der durchschnittlichen Lebenserwartung in der Welt, antwortet bei einer Auswahl von 50, 60 oder 70 Jahren nur jeder Fünfte richtig. Die Lebenserwartung ist ein Indikator unter anderem für Fortschritte in der medizinischen Versorgung, sie liegt heute weltweit bei 70 Jahren. Dass die globale Alphabetisierungsrate heute bei 80

Prozent liegt, können sich in Deutschland nur 30 Prozent der Befragten vorstellen (Rosling 2018, S. 13 ff.).
Max Roser, Ökonom am Institute for New Economic Thinking (INET) in Oxford weist ebenso darauf hin: *Die Geschichte des Homo sapiens ist überwiegend eine Geschichte gewaltigen Fortschritts und spürbarer Verbesserungen. Die Zahl der Morde? Ist dramatisch geschrumpft über die Jahrhunderte. Die Kosten für künstliches Licht, also Kerzen oder Lampen? Sinken. Die Häufigkeit von Tanker-Katastrophen? Geht zurück. Auch die Armut nimmt weltweit gerade so schnell ab wie nie zuvor (*Finke 2016). Wir sind heute weltweit gesünder, damit steigt die Lebenserwartung und die Kindersterblichkeit sinkt – besonders schnell in den armen Ländern. In den Industrieländern sehen wir die größten Fortschritte heute bei sozialen Themen wie dem Umgang mit Kindern, Behinderten oder mit lange geächteten Minderheiten wie den Homosexuellen. Und ganz zurück zur Natur? *Kein Schimpanse könnte einen Bus mit nichtverwandten Artgenossen besteigen, keine Gorillamama ihr Kind in eine Schule schicken, ohne dass es zu Gewalt und Blutvergießen käme! Unsere Vorfahren wurden sozialer, toleranter und intelligenter, indem sie auf Kooperation statt Konfrontation setzten!* (Klormann 2017). Wie erwähnt, hat sich der H. sapiens möglicher Weise selbst domestiziert. Er ist hilfsbereiter und kameradschaftlicher geworden als seine nahen Verwandten im Tierreich und von seinem Gemüt her überwiegend friedfertig.
Es ist falsch und darüber hinaus belastend und irreführend, wenn wir die Welt auf einem Sturzflug ins Chaos sehen. Der deutsche Philosoph Odo Marquard führte die Weigerung, Fortschritt überhaupt als Fortschritt anzuerkennen, auf Erinnerungsverweigerung zurück. Da der Strom aus der Steckdose komme, bräuchten wir uns halt keinerlei Gedanken mehr darüber zu machen, wie es sich ohne Elektroherd,

Staubsauger und Waschmaschine lebe, ganz zu schweigen von den Annehmlichkeiten eines Fernsehers, eines I-Phones oder einer Music-Cloud. Das historisch Offensichtliche ist, dass wir in der faktischsten aller Zeiten leben, dem Ergebnis von Wissenschaft, Technik und Aufklärung. Was wären die Menschheit ohne die unermüdliche Arbeit der Faktensammler aus der Vergangenheit? *Dümmer, ärmer, kränker wären sie und viele längst tot. Die Befreiung des Menschen aus seiner selbst verschuldeten Unmündigkeit war nämlich ein einziges kollektives Fact-Checking (*Schmitt 2017). Die Überlegenheit der Industrieländer gegenüber dem Rest der Welt beruht heute auf dem höheren Bildungsstand und den größeren Forschungsanstrengungen und nicht auf den Erbanlagen der verschiedenen Ethnien oder Nationen. Biologische Fitness, ausgedrückt z.B. durch eine niedrige Kindersterblichkeit, ist heute nicht etwa auf „bessere Gene" zurückzuführen, sondern sie basiert auf den „besseren Softgene". Sie ist eine Folge fortschrittlicher Medizinkunst.

Fortschritt

Evolution beruht auf der steten Anpassung an die sich wandelnde Umwelt – ob es dabei zu einem Fortschritt im Sinne einer höheren Komplexität kommt, ist auch unter Biologen durchaus umstritten. Allerdings – mit Blick auf die Softgene – können wir den Fortschritt im Sinne einer zunehmenden Komplexität der menschlichen Kultur schwerlich leugnen.
Fortschritt ist für viele Geisteswissenschaftler ein Schimpfwort. Das ist umso erstaunlicher, als daraus eigentlich folgt, dass auch ihre eigene Wissenschaft dann nur là pour là betrieben würde. Denn, wenn es keinen Fortschritt in Ihrer Wissenschaft gäbe, sie auch

nichts zur Weiterentwicklung der Gesellschaft beitragen könnte.
Die Naturwissenschaften sind ein monolithischer Block aufeinander aufbauender Erkenntnisse, sie formen heute mehr und mehr unser gesamtes Weltverständnisses und sie sind die Missionare des Fortschrittes. Aber dieser Fortschritt wird von den Geisteswissenschaftlern nur unzureichend begleitet: *Die heutigen Geisteswissenschaften liefern keine Sinnentwürfe und formulieren kein Zukunftsziel* (Horatschek 2007, S. 241). Wenn aber die Geisteswissenschaften nicht die Themen besetzen, die zur Entwicklung eines rationalen Weltbildes beitragen, das als Grundlage die Menschenrechte und als Ziel Frieden und Wohlstand für alle aufweist, fördern sie ungewollt das Gegenteil: Den Rückzug der Vernunft aus der menschlichen Gesellschaft hin zu jeder Art von Verschwörungstheorien. Sich dem Traum von Wissenschaft und Fortschritt zu verweigern, kann nur zurück in die Barbarei führen.
Historisch betrachtet ist, sich dem Fortschrittsgedanken zu verweigern, zunächst verständlich, führen doch gerade Ideen von höher entwickelten und weniger hoch entwickelten Völkern zu Kolonialismus und Rassismus. U.a. ist für die Rassenkunde des Dritten Reiches die Verknüpfung des Konzepts Rasse mit psychischen Eigenschaften und der Entwicklung der sogenannten Hochkulturen (Kulturrassen) von Bedeutung (Kattmann 2019, S. 2). Und Kulturwissenschaftler, wie Franz Boas, mögen bis dahin recht haben, wenn sie ihren historischen Partikularismus vertreten: *Jede Kultur habe ihre eigene Geschichte und Entwicklung* (wikipedia 08). Evolution bei Organismen findet nur statt, wenn es immer wieder Variationen in den Genen einer Art gibt, wobei die Förderlichen sich auf die Dauer durchsetzen. Dieselbe Variation und Selektion sollte auch für die Softgene und damit für die menschlichen Kulturen gelten.

So, wie die verschiedenen Tierarten ihre spezifische Kultur entwickelt haben, so hat auch der Mensch seine arteigene menschliche Kultur ausgeprägt, erkenntlich an ihren Universalien. Aber es ist zynisch, anzunehmen, dass jede menschliche Kultur gleich erstrebenswert ist, wie die der demokratisch verfassten Industriestaaten. Wir können uns darauf einigen, einen Fortschritt zu sehen, wenn es um die Abschaffung von Menschenopfern bei den Azteken geht oder um die Ächtung der Genitalverstümmelung von Mädchen in einigen afrikanischen Ländern. Und ohne den Kolonialismus irgendwie schön reden zu wollen, vertreten auch indische Fachautoren bis ins späte 20. Jahrhundert die These, dass ohne britischen Einfluss Sati, wie die Witwenverbrennung genannt wird, deutlich später in Indien verboten worden wäre (Neuhäuser 2020). Auch das Gerangel um Hongkong zeigt, dass die Kolonialherren nicht immer nur verbrannte Erde zurückgelassen haben, sondern in der Kronkolonie auch eine halbwegs funktionierende Demokratie, die jetzt durch die Wiedereingliederung nach China vernichtet wird.

Evolutionärer Fortschritt ist pfadabhängig: Zunächst mussten ein Lichtrezeptormolekül und einfachste Neuronen zur Verarbeitung von Lichtsignalen entstehen. Aufbauend auf erste einzellige Photorezeptorzellen und der Entwicklung einer Linsen kann dann nach einer hunderte von Millionen langen weiteren Entwicklungsphase der Mensch endlich klar sehen. Ein menschliches Auge ist nicht vorstellbar ohne diese weit früher entstandenen Vorstufen. Der Unterschied von damals und heute ist vor allem: Komplexität. Dieselbe Pfadabhängigkeit und Komplexitätszunahme findet sich dann bruchlos in der Entwicklung der Kulturen wieder: Ohne Augen kein Mikroskop, mit dem wir heute die Welt der kleinsten Teile sichtbar machen können und auch keine Teleskope, mit denen wir bis in die hintersten Winkel

des Universums blicken können. Kein Rad, ohne die die Kenntnis von der Verarbeitung von Holz oder Metall, keine Pferdekutsche ohne die vorherige Entwicklung des Rades, kein Auto ohne die vorherige Entwicklung einer Pferdekutsche. Unser Fortbewegungsmittel auf Rädern hat sich vom einfachen Fuhrwerk bis hin zum Tesla evolutionär, von einem einfachen mechanischen Gefährt zu einer hochkomplexen, in vieler Hinsicht elektronisch gesteuerten Limousine hin entwickelt. Aber diese Entwicklungen sind nur möglich, weil der Mensch an sich schon mobil auf zwei Beinen unterwegs ist und daher weiß, was Mobilität bedeutet. Die Pfadabhängigkeit unserer Softgene reicht bis tief in unsere Natur zurück. (Fun-Fact: Elefanten hätte nie Fahrräder erfinden können – den ihnen fehlt bekanntlich der Daumen für die Klingel!) Die Evolution treibt unsere Kultur zu immer höheren Organisationsformen, von der einfachen Jäger- und Sammlerkultur über die landwirtschaftsbasierte Kultur bis hin zu unserer heutigen Industriezivilisation. Evolutionärer Fortschritt lässt sich in der Biologie häufig als Wettrüsten nachweisen: Krebse entwickeln stärkere Scheren, um Muschelschalen zu knacken, Muscheln reagieren daraufhin evolutionär mit der Entwicklung stärkerer Schalen, woraufhin die Krebse ihrerseits noch stärkere Scheren entwickeln. Unser Immunsystem versus Bakterien, Pilzen und Viren ist ein zweites Beispiel des permanenten Wettrüstens. Und auch die sexuelle Selektion zwingt zum Wettrüsten: die Pfauenhähne müssen sich im Wettstreit um den Paarungserfolg in einzelnen Evolutionsschritten einen immer auffälligeren Schwanz zulegen.
Schließlich sind auch menschliche Kulturen durch ihre Geschichte hindurch immer zu einem Wettrüsten als Technologietreiber gezwungen gewesen, oder hatten das Nachsehen: Bronzeschwerter gewinnen gegen Waffen aus Stein; Eisenschwerter gewinnen gegen

Bronzewaffen; Streitwagen sichern den Pharaonen ihre Macht; Alexander d. Große kann ganz Asien verheeren, weil seine Soldaten in einer Phalanx kämpfen, also die bessere Taktik und Ausbildung haben. Im Mittelalter entwickeln sich mit den Eisenrüstungen und Kettenhemden Schutzpanzer, die ihren Trägern einen deutlichen Vorteil im Kampf bieten. Mit dem Aufkommen von Langbogen, Armbrüsten und schließlich Gewehren und Kanonen schwindet dieser Vorteil. England gewinnt sein Empire, weil die englischen Kanonen auf den Kriegsschiffen weiter reichen als die der Spanier, Franzosen oder Portugiesen. Japan kapituliert im Zweiten Weltkrieg, weil die USA Hiroshima und Nagasaki mit Atombombe zerstören. Die USA sind mit Hilfe ihre effizienteren Wirtschaft in der Lage, bessere Waffensysteme zu entwickeln und damit verlieren die UdSSR den Rüstungswettlauf, was schließlich zum Kollaps des Sowjetreiches führt. – Der Fortschritt in der Waffentechnologie bestimmte wesentlich den Aufstieg und Niedergang ganzer Völker – wir sehen hier die Gruppenselektion am Werk!
Unser Fortschritt heute basiert auf der fortschrittlichsten Kulturtechnik, den Naturwissenschaften. Wir sehen nicht nur die Entwicklung von immer „smarteren" Waffen sondern ganz allgemein einen gewaltigen technischen und medizinischen Fortschritt fast überall auf der Welt. Niemand kann den evolutionären Vorteil für die menschliche Zivilisation bestreiten, den die Verdrängung der Alchemie durch die Chemie bedeutet und dasselbe gilt für die Überwindung der Astrologie durch die wissenschaftlich fundierte Astronomie. Durch unsere Wissenschaftler haben wir das Universum bis nahe an seine Anfänge hin erkundet und sind in die subatomaren Strukturen der Materie eingedrungen. Dafür sollten wir uns nicht schämen.

Zu unserem Glück sehen wir auch große Fortschritte im Sozialen. Wir Menschen sind in der Lage, uns auch als kulturelle Wesen weiter zu entwickeln. Die Sklaverei ist weltweit geächtet, noch nie war die Demokratie so weit verbreitet wie heute. Und gleichzeitig sinkt die Zahl der Hinrichtungen 2020 – laut Amnesty International – auf einen historischen Tiefstand. Vielleicht ist die Ursache dafür die vielgescholtene Globalisierung: Wer heute zum Club der fortschrittlichen Ländern, zur In-Group, gehören möchte, kommt nicht umhin, die allgemeinen Menschenrechte anzuerkennen.

Klima

Hierzu auch eine kurze Bemerkung zum Klima der Erde – die nur insofern beruhigen soll, als der Untergang der Zivilisation oder des Lebens auf der Erde auch dieses Mal ausfallen wird: *Vor 90 Millionen Jahren wurde die Erde so heiß wie seitdem nie wieder. Es war der Höhepunkt eines 200 Millionen Jahre währenden Treibhausklimas. Dem Leben machte das nichts aus – im Gegenteil* (Zech 2022). Zu der Zeit entsteht vielmehr die moderne Pflanzenwelt und Insekten, Vögel und Säugetiere entwickeln sich weiter, die Dominanz der Dinosaurier bleibt ungebrochen. Wir sprechen hier nicht von 2°C oder auch 4°C über dem heutigen Niveau, sondern von bis zu 10°C.

Das Problem ist nicht, ob die Erde und ihr Leben ein paar Grad mehr aushalten, sondern wie man 8-10 Milliarden Menschen vor abrupten Umweltänderungen schützt, die je nach Weltgegend sehr unterschiedlich ausfallen dürften. Um nur zwei zu nennen: Küstenstädte müssen vor dem Anstieg des Meeresspiegel geschützt werden, Klima- und Vegetationsgürtel werden sich nach Norden bzw. auf der Südhalbkugel nach Süden verschieben, mit

Gewinnern und Verlierern von wirtschaftlich nutzbaren Landflächen.
Verzicht auf wirtschaftlichen und technologischen Fortschritt würden die Lösungen nur verzögern oder verunmöglichen. Was wir brauchen sind technische Innovationen und ja, auch wirtschaftliches Wachstum. Umweltschutz muss man sich leisten können! Statt Luftverkehr zu verteufeln, der für den globalen Zusammenhalt der Weltbevölkerung unverzichtbar ist, benötigen wir die Entwicklung von klimaneutralen Antriebstechnologien. Statt eine vegane Ernährung zu fordern, die ja auch nur auf hohem technologischen Niveau ohne Mangelernährung möglich ist, müssen wir völlig neue Lebensmittel entwickeln, die weitgehend industriell und ohne Tierleid erzeugt werden. Es gibt keinen Weg außer dem nach vorn, oder wir verlieren die Lebensgrundlage für Milliarden von Menschen.

Rassismus und In-Group

Wenden wir uns nun wieder dem Thema Rassismus im Allgemeinen zu: Wie schon ausgeführt, verläuft der wichtigste unter Biologen anerkannte Weg in eine neue Art über die räumliche Isolation. Die allmähliche Veränderung der Gene, die Gendrift, führt schließlich in räumlich getrennten Weltgegenden zu unterschiedlichen Populationen. Die räumliche Isolation über 40.000 Jahre in Australien bzw. über vielleicht 15.000 Jahren in Amerika gegenüber der afroeurasischen Bevölkerung des H. sapiens genügte wahrscheinlich nicht für eine tiefgreifende genetische Aufspaltung in verschiedene Arten. Jedenfalls gibt es keine biologisch bedingte reproduktive Schranke zwischen den verschiedenen menschlichen Populationen. Einem rein genetisch bedingten Artenunterschied fehlt daher weitgehend die Grundlage. Aber zur Gendrift zwischen solchen Ethnien gesellt sich ein ausgeprägter Unterschied in den Kulturen, also ein Unterschied in den Softgenen. Wir können das schon bei den Orcas und Pottwalen beobachte.

Die Theorie der Softgene postuliert, dass rassistisches Empfinden nicht nur an das Äußere gekoppelt ist. Vielmehr spielen die unterschiedlichen kulturellen Parameter wie Religion, Ideologie oder soziale Normen oder ganz allgemein größere Unterschiede in den Weltbildern eine entscheidende Rolle. Weil sich Softgene viel schneller ändern können, als unsere Gene, die Indigenen Australiens und der Neuen Welt die volle Wucht des Rassismus, als die weißen Europäer an ihren Küsten auftauchen.

Wir alle sind von Natur aus Rassisten! Wir neigen von Geburt an dazu, die Welt in „Wir" und die „Anderen" zu unterteilen und dabei das „Fremdes eher abzulehnen. Toleranz müssen wir lernen. Toleranz können wir lernen, wenn wir uns unseres eigenen Rassismus bewusst werden, den wir in uns tragen. (Noch ein funfact: genau darum geht es in diesem Buch.) Machen wir uns nichts vor: den Splitter im fremden Auge sehen wir, den Balken im eigenen Auge dagegen übersehen wir nur all zu gern. Das Kernproblem ist die Zerlegung der Welt in In-Group und Out-Group und die damit einhergehende Ausgrenzung. Dem stehen die Vorteile gegenüber, die sich durch „Integration" ergeben: Wir müssen z.B. Europa heute als das verstehen, *was es ohne Zweifel ist: eine sich über Jahrtausende erstreckende Fortschrittsgeschichte, die ohne die Migration und Mobilität von Menschen unmöglich gewesen wäre (*Krause 2021, S. 9).

Barbaren

Für die Griechen in ihrer Blütezeit der Antike ist die Welt übersichtlich geteilt in Hellenen und Barbaren. Hellenen wähnen sich in einer Gemeinschaft, die alle damaligen griechischen Stadtstaaten umfasst. Als Hellenen sind sie anderen Völkern bezüglich der Kultur und der Zivilisation überlegen. Barbaren, das sind die Lyder, Phryger, Syrer, aber auch die Ägypter, Babylonier, Assyrer und Phönizier. Gemeinsam sind denen das Andersartige, Abstoßende, Hässliche. *Dem Barbaren mangelt es an geistiger Schulung, er ist roh, ungebildet, abergläubisch, dumm unzivilisiert, menschenfeindlich, gesetzlos und dabei selbst ein Knecht ohne individuellem Rechtsschutz. hart, grausam, gewalttätig, mordlustig, lügnerisch, geldgierig, ergo in jeder Beziehung unmoralisch (*Wied & Bergmann 1988, S. 18).

Zwei Jahrtausende später trägt der Missionar Carl Hugo Hahn 1853 Ähnliches in sein Tagebuch über die

Namaquas in der damaligen deutschen Kolonie „Deutsch-Südwest-Afrika" ein: *Die hervorstechenden Züge ihres Charakters sind: unbegrenzter Hochmut, Treulosigkeit, Hinterlist, Misstrauen, Verschlossenheit und Unversöhnlichkeit und Hartnäckigkeit und doch auch Wankelmut, Mord- und Raubsucht, Feigheit und ein solcher Grad an Faulheit. Unter allen Völkern der Erde stehen wohl die Hottentottenstämme auf der niedrigsten Stufe körperlicher Schönheit und, so denke ich, auch in geistigerer Beziehung (Entwicklung) nicht sowohl einer der niedrigsten, aber wohl eine der bösartigsten Stufen einnehmen (*Helbig 1983, S. 46). Das also sind Ausführung eines Gottesmannes über die in der damaligen deutschen Kolonie, dem heutigen Namibia, beheimateten Namaquas: Es sind weniger die Hautfarbe oder der Körperbau, sondern die kulturell bedingten Unterschied z.B. im moralischen Verhalten, die herangezogen werden, um die schlechte Behandlung zu rechtfertigen, mit der die Weißen gegenüber der einheimischen Bevölkerung auftreten. Die Namaquas werden bis an den Rand der Entmenschlichung herabgesetzt – sie gehören ganz sicher nicht zur In-Group der zivilisierten europäischen Welt. Und dann gilt: *Wenn die anderen keine richtigen Menschen mehr sind, sondern Untermenschen, entfällt auch die der eigenen Kultur gegenüber erworbene und gewährte soziale Gesinnung: Es wird geprügelt, besoffen gemacht, religiöse Gefühle verletzt, dehumanisiert (*Mayer & Pandel 1988, S. 41). Allgemein unterstellte man den indigenen Völkern im Kolonialismus mindere intellektuelle und auch moralische Fähigkeiten und rechtfertigte so deren Unterwerfung, Entrechtung und Ausrottung. Interessant ist der darunter liegende Subtext der Missionierung: Dic rassistische Erniedrigung kann – wenigstens zum Teil – aufgehoben werden, wenn der schwarze Mann ein gläubiges Schäfchen wird und sein moralisches Verhalten damit an die Normen der

Kolonialisten anpasst, also ein Mitglied der Kirche wird. Mit der Annahme der Softgene, die von der Missionierung eingefordert werden – so lässt sich vermuten – wird der Rassismus abgeschwächt oder ganz überwunden – weil man in die In-Group der christlichen Kirche aufgenommen wird.

Grenzziehung

Ausgrenzung heißt früher ausgestoßen, verbannt oder ins Gefängnis gesetzt zu sein. Verbannt wird schon im alten Athen. Im Mittelalter sind Kirchen- oder Reichsbann drakonische Strafen. Im Jahr 1974 erscheint das Buch „Les exclus" des französischen Autors René Lenier, das die prekäre Lage der körperlich und geistig Behinderten thematisiert. Der Philosoph Michel Foucault spitzt diese soziologische Beobachtung zu der These zu, dass soziale Gewalt immer Ausgrenzungsgewalt sei (Türcke 2016, S. 57). Im Angelsächsischen dehnt sich der Begriff schnell aus auf die Diskriminierung von Ethnien und spezifischen Geschlechtern. In der Marktwirtschaft in Europa sind die Ausgeschlossenen vor allem die vom Markt ausgeschlossenen, die Arbeitslosen, die sich keine Kinokarte leisten können, die nicht mitreden können, wenn es um Fernreisen geht oder nur um den Besuch in einem angesagten Restaurant, es sind die, die eben nicht zur Menschenart H. intellegens zählen.

Identitätspolitik

Identitätspolitik (identity politics) zielt darauf ab, jeweils spezifischen Gruppen von Menschen, so zum Beispiel Schwarze, Latinos, Frauen, Homo-, Bi- und Transsexuellen, eine höhere Anerkennung, eine Verbesserung ihrer gesellschaftlichen Position und eine Stärkung ihres Einflusses zu verschaffen. Die

Intellektuellen sind sehr erfindungsreich darin, immer neue Identitätsthemen zu ersinnen, die sie dann akademisieren und gern auch via Feuilleton und Social Media verbreiten: „Women Studies", „Black Studies", „Gay Studies", „Queer Studies", „Postcolonial Studies", „Trauma Studies", „Memory Studies", wobei Identität dann Geschlecht, Hautfarbe, sexuelle Orientierung, Heimat, Gewalterfahrung oder Herkunft ist. *Um die Mitglieder einer solchen Gruppe zu identifizieren, werden kulturelle, ethnische, soziale oder sexuelle Merkmale verwendet. Menschen, die diese Eigenschaften haben, werden zu der Gruppe gezählt und häufig als homogen betrachtet. Menschen, denen diese Eigenschaften fehlen, werden ausgeschlossen (*wikipedia 09). Das kommt uns bekannt vor: Es sind Typen, keine Individuen. Aber in Wirklichkeit hat jeder Mensch sein unverwechselbares Genom und auch seine eigene, unverwechselbare Kulturmischung, sein ureigenes Softgenom. Die Homogenität bezüglich kultureller, ethnischer, sozialer oder sexueller Merkmale, wie sie die Identitätspolitiker voraussetzen, wenn sie von Latinos, Frauen, oder Homosexuellen sprechen, ist kaum gegeben. Und überraschender Weise fehlt bei allen Diskussionen über gesellschaftliche Benachteiligung die spezifische soziale Randgruppe, die mit am meisten benachteiligt ist: die „kleinen hässlichen Dicken"! Große Männer verdienen mehr und genießen in allen untersuchten Kulturen einen höheren sozialen Status (Paulus 2004). In allen Kulturen werden attraktive Menschen für klüger, freundlicher und ehrlicher gehalten (Sapolsky 2017, S. 118). Die Wissenschaft nennt das einen „Halo-Effekt". Anders herum ergibt eine Studie, dass unattraktive Kriminelle bei geringen Vergehen, im Vergleich zu attraktiveren Kriminelle, eine etwa viermal so hohe Geldstrafen aufgebrummt bekommen haben (Brooks 2021). Der Effekt ist so stark, dass er sogar rassistische

Aspekte überwiegt: In einer Studie aus dem Jahr 2004 geben mehr Menschen an, wegen ihres Aussehens als wegen ihrer ethnischen Zugehörigkeit diskriminiert zu werden (Brooks 2021). Und wie abfällig wir über dicke Menschen denken, singt uns schon Marius Müller-Westernhagen in seinem Lied, „Ich bin froh, dass ich kein Dicker bin". Dicke Jungen bekommen in der Schule schlechtere Noten als Normalgewichtige (Gelitz 2021). Kleine hässliche Dicke haben also allen Grund, sich sozial benachteiligt zu fühlen. Aber niemand möchte sich offenbar zu so einer Gruppe zugehörig fühlen, obwohl ihre Identitätsmarker zumindest bezüglich der Größe und des Gewichtes exakter messbar wären, als z.B. die Hautfarbe.

„Identity Politics" fördert durch die dauernde Hervorhebung der Unterschiede das Gegenteil des eigentlich Erwünschten: es fördert die Ausgrenzung. Die verschiedenen Gruppierungen nehmen sich, durch die politische Rhetorik verstärkt, als vernachlässigte Minderheiten, als Randgruppe wahr. Der Fokus auf die Sonderstellung immer kleinteiligerer Gruppenidentitäten, die anhand ethnischer, sexueller, sozialer oder kultureller Aspekte konstruiert werden, zielt nicht auf Solidarität und Gemeinsinn, sondern schafft zwangsläufig dauerhafte Konflikte. *Schließlich sind Auseinandersetzungen um Identität kaum durch Kompromisse bearbeitbar – ganz abgesehen davon, dass angesichts fluider Identitäten dauerhafte Koalitionen kaum denkbar sind* (Bröning 2019).

Ein eher kurioses Beispiel ist die Forderung von konservativen Muslimen, gläubige Muslime in den Bundestag zu wählen, denn diese seien im Deutschen Bundestag nicht repräsentiert (Toprak 2021). Die Forderung, aus einer Religionszugehörigkeit heraus ein besonderes Privileg zur Repräsentanz im Bundestag abzuleiten, fällt heutzutage nicht einmal mehr den Katholiken ein.

Third wave Antirassismus
Zum Thema Identitätspolitik zählt auch der Diskurs über kulturelle Aneignung (Cultural Appropriation). Dabei geht es darum, dass es untersagt sei, fremdländische Kleidungsstücke, religiöse Accessoires oder andere Traditionen von benachteiligten Gruppen aus modischen Gründen in die eigene Kultur zu übernehmen (Koch 2020). *Mit dem vorläufigen Auftrittsverbot für die progressive, aber eben "weiße" Musikerin Ronja Maltzahn (28) bei Fridays-for-Future-Demonstrationen aufgrund ihrer "Dreadlocks"-Frisur hat die junge Klimaschutzbewegung bereits gezeigt, dass sich niemand religiös definieren muss, um auch krasse, symbolische Abgrenzungen vorzunehmen (*Blume 2022). Würden wir das ernst nehmen, dürften wir bald schon keine Kartoffeln mehr essen, keine Tomaten und keinen Mais, denn all diese Kulturpflanzen entstammen den indigenen Völkern der Neuen Welt.

Wie schnell wir von der Identitätspolitik zum Rassismus gelangen, beschreibt John McWhorter, Linguistik-Professor an der Columbia Universität von New York und selbst ein „Person of Color". Er berichtet in seinem Buch: „*Die Erwählten – Wie der neue Antirassismus die Gesellschaft spaltet*" von dem langgedienten Kurator Gary Garrels des Museum of Modern Art in San Francisco. Ihm und dem Museum werden vorgeworfen, sich der Kunst nichtweißer Künstler nur ungenügend zu widmen. Dem widerspricht Gerels nicht, fügt aber hinzu, dass das Museum trotzdem auch weiterhin Kunstwerke weißer Künstler erwerben werde, denn andernfalls wäre das „umgekehrte Diskriminierung". Gary Garrels wird dafür gefeuert. Kaum einen Kilometer entfernt, im Tenderloin-Viertel San Franciscos sammelten sich zu der Zeit (Juli 2020) Herrscharen von Menschen in notdürftigen Zeltbehausungen, weil sie sich die teuren

Mieten nicht mehr leisten können (McWhorter 2022, S. 107). Es ist dasselbe Schema wie bei dem Feminismus: Da geht es um Vorstandsposten, oder hier: um privilegierte Kunstschaffende, während das Elend der illegal beschäftigten weiblichen Haushaltshilfen nur ein marginales Thema ist. Hier, im Third wave Antirassismus geht es um einen abstrakten Rassismus, das tatsächliche Elend der armen, oft nichtweißen Bevölkerung spielt kaum eine Rolle.

Der Third wave Antirassismus spielt mit den Klassikern des Rassismus, wenn er den weißen Menschen qua Geburt eine Erbsünde auferlegt mitsamt der Unauslöschbarkeit dieser Schuld (McWhorter 2022, S. 54 ff.). Als Weißer soll man sich selbst verachten, weil alles, was man als Weißer tut, beständig von weißen Privilegien (white privilege) besudelt wird. Und weil es um das Erkennen von „Macht" geht, müssen Menschen nach „race" klassifiziert werden (McWhorter 2022, S. 36).

Die Anhänger des radikalen Third wave Antirassismus begreifen sich als eine Gemeinschaft der Tugendhaften und Gleichgesinnten, die ihre atavistischen Gefühle ausleben, wenn sie angebliche oder echte Rassisten nicht nur kritisieren, sondern auch bestraft sehen wollen (McWhorter 2022, S. 115). All das zeigt die Mechanismen auf, die sich durch die Spaltung von In- und Out-Group manifestieren: Die Überhöhung der eigenen Gruppe und die moralischen Defizite gegenüber der Out-Group.

Antithese zur Identitätspolitik

Populisten verstehen sich als Anwälte des Volkes. Fast das wichtigste ist dabei aber die Abgrenzung. Populisten berufen sich auf eine wie auch immer zusammengesetzte Gruppe, die sich als „das Volk" bezeichnen und stellen dieses Volk „den Anderen",

also denen, die für sie nicht das Volk sind, gegenüber (Niehr & Reissen-Kosch 2019, S.17). Im alten Griechenland sind die Barbaren die Nicht-Griechen, die Anderen. In der Kolonialzeit ist die Andersartigkeit der Indigenen der Grund dafür, diese ohne moralische Skrupel auszubeuten. So wohlmeinend daher die Idee der Betonung auf das Anderssein in der Identitätsdebatte auch sein mag, vom evolutionären Standpunkt aus führ sie in die Irre, weil sie die Unterschiede betont und die Gemeinsamkeiten eher negiert. Kontakte führen zu mehr Vertrauen, zu mehr Zusammengehörigkeitsgefühl und zu mehr gegenseitiger Hilfsbereitschaft. Der Schlüssel für Frieden ist das Gefühl von Zusammengehörigkeit.
Es gibt in der Sozialwissenschaft gute Belege dafür, dass *Hass und Rassismus aus einem Mangel an Kontakt entstehen* (Bregman 2019, 384 f.). Bei der Wahl, die Donald Trump 2016 gewinnt, zeigt sich, dass die Unterstützung für das Thema „Mauerbau an der Grenze zu Mexiko" umso mehr Unterstützung erfährt, je weiter entfernt die Menschen von dieser Grenze wohnen, und je weniger Hispanics es in der Nachbarschaft gibt. Die ethnologische Isolation der weißen Wähler ist ein wichtiger Grund für die Unterstützung Trumps.

White supremacists

Identitätspolitik, also die Fixierung auf das Trennende anstelle des Verbindenden, steht hoch im Kurs (Fleischhauer 2018). Die politischen Standpunkte, die vom H. intellegens vertreten werden, sind umso erstaunlicher, als gerade der Universalismus traditionell den entscheidenden Gegensatz zu konservativen und rechten Lagern begründet. Das rechtskonservative Lager ist dasjenige, das das *Partikulare betonte, die Besonderheit von Nation, Klasse, Herkunft und Geschlecht, und sich gegen jede, nun ja:*

*Gleichmacherei wehrt. Ungleiches sollte ungleich behandelt werden, das ist ihre Vorstellung von Gerechtigkeit (*Jessen 2019). Die Ungleichheiten werden dabei vom rechten politischen Lager mit biologistischen Merkmalen (Hautfarbe, Geschlechter) oder anthropologisch (Völker, Kulturen) begründet und führte damit zwangsläufig zu Rassismus.
Leider ist es daher nicht verwunderlich, dass Populisten und Rechtsradikale die Steilvorlage der Identitätspolitiker zur Abgrenzung und Feindbildung dankbar aufnehmen und ihrerseits politisieren. Wie kontraproduktiv Identitätspolitik sein kann, wird deutlich, wenn sich white supremacists auf sie berufen, um die durch Überfremdung bedrohte „weiße Kultur" zu schützen und Rechtspopulisten nach safe spaces rufen, nach Orten, an denen nicht diskriminiert werden darf, schon gar nicht den bibelfesten alten weißen Mann.

Integration

*Nicht über Identitäten kann und soll man streiten, sondern darüber, welche Ansprüche berechtigt sind und welche nicht, welche Lebensformen mit anderen kollidieren, was im Zusammenleben „geht" und was nicht. Es sollte darum gehen, wie Menschen in all ihrer Unterschiedlichkeit miteinander zurechtkommen (*Reinhard & Vašek 2019). Martin Luther King formuliert 1963 den Traum, dass seine vier Kinder eines Tages in einer Welt leben werden, *in der sie nicht wegen der Farbe ihrer Haut, sondern nach dem Wesen ihres Charakters beurteilt werden. In weiten Teilen identitätspolitisch beseelter Kreise wäre dieser Traum heute wohl als Mikroaggression zu verbuchen. Herkunft und Hautfarbe sollen schließlich nicht überwunden, sondern als allein entscheidende Bezugspunkte betont werden* (Bröning 2019).

Es ist Unsinn, Menschen in Genossen und Klassenfeinde, in Feministinnen und Patriarchen, in schwarze und weiße, in gute und böse Menschen einzuteilen, denn unsere Wertmaßstäbe gelten nur in der eigenen Gruppe und gegenüber fremden Gruppen neigen wir alle zu unfreundlichem Verhalten. Aus evolutionärer Sicht ist Integration die Anpassung an die Umwelt, die in einer menschlichen Gemeinschaft vor allem aus anderen Menschen besteht. Identitätspolitik ist das Gegenteil davon, sie ist die Verweigerung, sich anzupassen. Und bei allem Multikulti und bei jeder Identitätspolitik geht es eigentlich genau nicht um Abgrenzung und nicht um Identität, sondern darum, vollgültig dazu zu gehören. Worauf es neben allen Unterschieden in Wirklichkeit ankommt, sind die Gemeinsamkeiten, die wir alle miteinander teilen.

Alle Raben sind schwarz

Betrachten wir das Problem, warum es auf unsere Gemeinsamkeiten ankommt, und eben nicht auf die Unterschiede, kurz einmal anhand des logischen Paradoxon vom „Schwarzen Raben". Angenommen, wir möchten beweisen, dass alle Raben schwarz sind. Dafür steht uns prinzipiell nur die Möglichkeit zur Verfügung, alle Raben der Erde zu finden und dabei zu gucken, ob nicht doch ein „nichtschwarzer" Rabe dabei ist. Es dürfte unmöglich sein, alle Raben tatsächlich zu finden. Wir müssen also mit Wahrscheinlichkeiten vorlieb nehmen: die Wahrscheinlichkeit, dass alle Raben schwarz sind, wächst mit jedem schwarzen Raben, den wir finden.
Es gibt eine formallogisch äquivalente Aussage mit demselben Wahrheitsgehalt, sie lautet: „Alles, was nicht schwarz ist, darf kein Rabe sein." Aber diese logisch gleichwertige Aussage führt uns zu einem Problem! Denn jetzt haben wir es in Bezug auf unsere

Raben bedeutend leichter. Wir können zu Hause bleiben, alle nichtschwarzen Sachen untersuchen, die wir im Hause finden und die sicherlich keine Raben sind. Mit jedem Gegenstand, den wir uns ansehen (nicht schwarz / kein Rabe) wächst die Wahrscheinlichkeit, dass alle Raben schwarz sind – formallogisch betrachtet. Natürlich fällt uns sofort auf, dass die Wahrscheinlichkeit dafür, das alle Raben schwarz sind, hier nicht in derselben Art steigt. Mathematiker sprechen in diesem Zusammenhang von verschieden großen (potentiell unendlicher) Mengen. Während die Raben höchstens „abzählbar" unendlich viele sind (und natürlich sind es erheblich weniger Raben), sind alle anderen Gegenstände zusammen betrachtet „nicht abzählbar" (unendlich) viele.

Was nun hat dieses Paradoxon mit Rassismus zu tun oder mit Identitätspolitik? Ganz einfach: Unterschiede (nicht schwarz / kein Rabe) lassen sich prinzipiell in unendlicher Vielfalt konstruieren. Es gibt „nichtabzählbar" unendlich viele Unterschiede, und die meisten davon sind völlig belanglos: Der eine ißt gern Käse, der andere bevorzugt Wurst. Der eine putzt seine Zähne mit einer elektrischen Zahnbürste, der andere manuell. Der eine steht mit dem linken Bein zuerst auf, der andere mit dem rechten – wir können „nichtabzählbar" unendlich viele Unterschiede finden. Worauf es aber wirklich ankommt, sind immer die Gemeinsamkeiten. Es ist sinnvoll, sich auf die Gemeinsamkeiten zu konzentrieren, weil diese überschaubar sind und Erkenntnissen bringen. Es sind nicht die Unterschiede sondern unsere Gemeinsamkeiten, die uns zu Menschen machen. Die Ähnlichkeiten der menschlichen Gesellschaften sind bedeutsamer als die Abweichungen und es erstaunt, dass es so viele davon gibt. Die Universalien der menschlichen Kulturen zeigen das deutlich. Ein weißes Handtuch, auch wenn es formallogisch richtig ist, bringt dahingegen keine Erkenntnisse in Bezug auf die

Frage, ob alle Raben schwarz sind. Ebenso bringt es keinerlei Erkenntnisse über einen Menschen, ob jemand Glatze oder Dreadlocks trägt. Es sei denn, jemand trägt diesen Look ausdrücklich als ethnischen Marker, um das Trennende herauszustreichen. Bei Neonazis und Glatzen ist genau das der Fall, bei der Musikerin Ronja Maltzahn wohl eher nicht.

Sprache trennt

H. intelligens setzt sich für die Gleichstellung der Geschlechter ein. Deshalb hat er das Gender-Sternchen erfunden. – Für diejenigen, die mit der deutschen Sprache nicht so vertraut sind: Im Deutschen wird nach dem Genus, dem grammatikalischen Geschlecht, unterschieden: Maskulinum, Femininum und Neutrum. Das gilt zum Beispiel für Berufsbezeichnungen. Für die Berufsbezeichnung „Arzt gibt es eine männliche und eine weibliche Form. Nun stellt sich das Problem, dass es in einer Gruppe von Ärzten sowohl Männer als auch Frauen geben kann. Dann haben wir im Deutschen ein Problem: Wie spricht man die Gruppe an, ohne zu "diskriminieren"? Verwenden wir die männliche Form des Plurals oder die weibliche? Beides scheinen nur einen Teil der Gruppe anzusprechen.
Beginnen wir mit der Geschichte: Früher gab es so gut wie keine Ärztinnen, und umgekehrt war der Begriff Krankenschwester in der männlichen Form nicht gebräuchlich. Im Bereich der medizinischen Pflege sind weibliche Mitarbeiter auch heute noch die Norm. Es ist zweifellos richtig, dass ich, wenn ich nur Erfahrungen mit männlichen Ärzten gemacht habe, davon ausgehe, dass Ärzte immer männlich sind. Wenn ich zum Arzt gehe und es ist eine Frau, sammle ich andere Erfahrungen – Arzt wird dann zu einer Berufsbezeichnung. Ich habe gelernt, dass hinter dem

maskulinen Begriff "Arzt" eine Frau oder ein Mann stecken kann.

Für die H. Intellegens beginnt die Diskriminierung des weiblichen Geschlechts aber genau hier: Es ist ein Ausdruck des Patriarchats, wenn ich die männliche Form eines Wortes verwende, obwohl es sich auch auf Frauen bezieht. Denn die Vorherrschaft der Männer über den angesehenen Beruf des Arztes muss ein Ende haben. Die von H. intelligens vorgeschlagene Lösung ist etwas umständlich: immer beide Formen verwenden: " Ärzte und Ärztinnen". In der Schriftsprache sollt es aber geschrieben sein: Mediziner*Innen (es gibt auch andere Versionen der Schriftform). Das ist allerdings schwierig auszusprechen.

Die Hypothese, die zu dem im Deutschen hart umkämpften Problem des „Genderns" führt, lautet: „Die Sprache formt unser Denken." Wenn wir Arzt sagen, denken wir, so die Hypothese, an eine männliche Person und schließen eine weibliche Person aus. Das aber darf nicht sein!

Lustiger Weise heißt einer der Pionier dieser Sprachphilosophie Benjamin Lee Whorf, was ein bisschen wie ein klingonischer Namen klingt (Worf, Sohn von Mogh, ist ein Klingone und Offizier der Sternenflotte in der Serie Star Trek). Nun sind die Linguisten Edward Sapir und sein Schüler Benjamin Lee Whorf keine Aliens. Vielmehr sind sie Vertreter des „Sprachlichen Determinismus", der auch als Whorf'sche Hypothese bekannt ist. Nach dieser bestimmt die Sprache, die ein Mensch spricht, das, was er denkt. Weder sind die beiden Linguisten Aliens, noch ist der Sprachlichen Determinismus ein Werk Außerirdischer – es ist vielmehr eine oft geäußerte Denkfigur in der Philosophie:

„Wir hören auf zu denken, wenn wir es nicht in dem sprachlichen Zwange tun wollen" (Friedrich Nietzsche). „Die Grenzen meiner Sprache bedeuten die

Grenzen meiner Welt" (Ludwig Wittgenstein). „Steht die Sprache überhaupt in der Verfügungsgewalt des Menschen? Ist der Mensch dasjenige Wesen, das die Sprache in seinem Besitz hat? Oder ist es die Sprache, die den Menschen „hat"?" (Martin Heidegger). (alles zitiert nach Steven Pinker 2014, S. 175 f.)
Nur trifft die Hypothese, dass die Sprache das Denken formt, wohl kaum auf die Organismen dieses Planeten zu. Tiere wären schon einmal außen vor, die können nicht sprechen, also auch nicht denken. Bis natürlich auf das Huhn mit seinem Sprachumfang von ca. 20 Lauten – macht dann wohl ca. 20 Gedanken? Für jeden Laut einen? Säuglinge können dann ebenfalls nicht denken, solange sie der Sprache nicht mächtig sind. Vor allem aber ist es die „kognitive Revolution" in der Psychologie, die die Erforschung reiner Gedanken ermöglicht, und so den Sprachlichen Determinismus widerlegt. Überdies haben eine Reihe von Studien eine nur magere Wirkung von Sprache auf Konzepte aufzeigen" (Pinker 2014, S. 164).
Das ist hier ziemlich sarkastisch formuliert, aber es ist eben ein Elend. Statt mit seinem Intellekt dafür zu arbeiten, die Welt ein Stück besser zu machen, treibt der H. intellegens mit seinem Beharren auf gendergerechte Sprache auf der Grundlage einer höchst wackeligen Hypothese ein Keil in die Gesellschaft. Er liefert den Populisten Munition des stärksten Kalibers, denn das Kulturgut Sprache lässt sich nicht per ordre de mufti eben mal drastisch verändern. Die Neigung, an Bewährtem festzuhalten, ist tief in uns verankert; wir fordern Konformismus auf der Basis von Emotionen: Der Zwang zur gendergerechten Sprache erzeugt Wut und Ablehnung, von oben verordnete Sprachregelungen stoßen auf heftigen Widerstand, weil wir alle Konformisten sind. Und selbst wenn sich das Gendern durchsetzt, wird es das Problem der weiblichen Gleichberechtigung kaum lösen. Denn in Ländern, in denen grammatisch nicht zwischen den Geschlechtern

unterschieden wird, ist die Situation für Frauen nicht unbedingt besser. Der Schaden ist groß, der Gewinn wäre gering.

Softgenpool

Wegen der Ähnlichkeit von Genen und Softgenen können wir begründet vermuten, dass nicht nur genetische, sondern auch kulturelle Vielfalt einen hohen Nutzen hat. *Beziehungen zu nicht Verwandten können den Zugang zu frischen Ideen und Ressourcen eröffnen und daher beim Aufbau und Erhalt einer Kultur eine besonders wichtige Rolle gespielt haben (*Christakis 2019, S. 286). Kulturelle Vielfalt hat ihre Vorteile dort, wo die unterschiedlichen Softgene das menschliche Dasein bereichern. Dafür muss es eine Art Selektion der besseren Ideen geben. Bereits die ältesten uns bekannten Kulturen zogen ihren Gewinn nicht aus der kulturellen Abgrenzung, sondern aus der Übernahme von Ideen und Technologien. So wie der H. sapiens wertvolle Gene des Neandertalers und des Denisova-Menschen zu seinem Vorteil übernommen hat, so fördert eine Durchmischung von Kulturen im Idealfall ein globales kulturelles Genom, das das Beste aus den verschiedenen Kulturen übernommen hat. Ein gutes Beispiel dafür ist der Kochtopf, in den Gerichte aus aller Welt hineinpassen. Unsere Nahrungsmittelversorgung in Mitteleuropa war und ist gekennzeichnet durch die stete Übernahme fremder Kulturpflanzen und Nutztieren. Die ursprünglichsten *Wildgetreidearten stammen aus einem locker mit Gehölzpflanzen bestandenen Waldsteppengebiet des nahöstlichen Berglandes (*Küster 1995, S. 79). Aus dem Vorderen Orient stammt auch das Wissen, wie man diese Kulturpflanzen anbauen kann, und auch, wie man Haustiere hält und sesshaft lebt. Im Mittelalter ist *das Inventar der Kulturpflanzen in Mitteleuropa so groß*

wie in kaum einer anderen Gegend der Alten Welt
*(*Küster 1995, S. 137). Eine breite Basis an
Nährpflanzen kann verhindern, dass sich bei Ausfall
einer angebauten Feldfrucht gleich eine Hungersnot
einstellt, weil noch genügend Alternativen zur
Verfügung stehen. In der frühen Neuzeit schließlich
tauscht man die Nährpflanzen, die in mehreren Gen-
Zentren der Erde kultiviert werden, untereinander aus:
Grüne Bohnen, Tomaten, Kürbis und Sonnenblumen
und nicht zuletzt Mais und die Kartoffel kommen aus
der neuen Welt nach Mitteleuropa und vergrößern die
Basis unserer Ernährung. Die ökonomische Stabilität
Mitteleuropas lag und liegt nicht zuletzt am überaus
regen Austausch an kulturellen Gütern. Wir leben in
einer Weltgegend, die zu den absoluten Gewinnern der
Globalisierung zählt.
Unabweisbar schließlich wird der Vorteil eines
globalen Austauschs von Softgenen beim Thema
Wissenschaft und Technik. Ohne die gemeinsame
Forschungs- und Entwicklungsarbeit, ohne den
weltweiten Austausch von Patenten und Lieferketten,
würde es wahrscheinlich einen Großteil der heutigen
technischen Güter gar nicht geben.

Neubewertung Rassismus

Rassismus hat durchaus etwas mit Genen zu tun, aber
anders als gedacht: Rassismus gehört zu unseren
Veranlagungen und Verhaltensweisen. Aus diesem
Grund ist auch die Annahme naiv, dass nur der alte
weiße Mann rassistisch denken (Gelitz 2019).
Ironischer Weise nehmen die geäußerten (expliziten)
und die (innerlich gedachten) impliziten rassistische
Einstellungen der US-amerikanischen Bevölkerung
tendenziell ab – *nur nicht bei US-Amerikanern*
afrikanischer Herkunft – sie bevorzugten ihre eigene
Ethnie (Gelitz 2019).

Im Vielvölkerstaat Südafrika werden Schwarze und Weiße gleichermaßen Opfer von rassistischen Angriffen, ebenso wie Menschen, die aus Indien stammen oder sogenannte „Coloureds" (Schönherr 2018). In einem Bericht über den Amazonas schreibt Matthias Matussek über zwei Indianerstämme: Die Maku-Indianer seien in der Dschungelhackordnung die Allerletzten, nomadisierende Jäger ohne nennenswerten Ackerbau und vor allem ohne Maniok. Die Tukano dagegen, Flussbewohner, hätten Maniok. Sie beschäftigen die Maku allenfalls als Gastarbeiter, zum Bau von Hütten etwa, wenn sie ihr Feste feiern. Kein Tukano käme je auf die Idee, sich eine Maku-Frau zu nehmen. Sie seien, ganz *naturwüchsig, Ausländerhasser* (Matussek 2001, S. 260). Ein grausiges Beispiel ist Ruanda: Der Völkermord an den Tutsi im Jahr 1994, der mindestens 500.000 Tote fordert, ist ein rassistischer Konflikt zwischen zwei innerafrikanischen dunkelhäutigen Ethnien.

Eine nomadisch lebende Volksgruppe aus Osteuropa nennt sich selbst „Roma", das heißt „Mensch". *Denn für uns ist der Zigeuner ein Mensch, die anderen sind es hingegen nicht, wir bezeichnen sie daher mit dem Namen „gadgés", das heißt Fremdlinge,* schreibt der Schriftsteller Matéo Maximoff, selbst ein Roma (Wickler 1971, S. 115). Fremdlinge sind für die Griechen der Antike die Barbaren, für die Europäer die Schwarzen, für die Deutschen die Juden. Fremdlinge sind für Hutu die Tutsi, für die Katholiken in Nordirland die Protestanten, für die Türken die Kurden. Rassismus bedeutet die Ablehnung und Erniedrigung von Gruppen, denen wir selbst nicht angehören. Dabei beruhen die Ressentiments vordergründig und möglicher Weise auf unverwechselbaren Äußerlichkeiten. Dafür eignen sich genetisch bedingte Kennungen besonders gut, z.B. die unterschiedliche Pigmentierung der Haut. Aber, wie erwähnt, sind nur weniger Phänomene in der anthropologischen

Forschung besser dokumentiert worden als Prozesse der kulturellen Identifikation, wie beispielsweise besondere Kleidung, Sprache oder Rituale, mit den Kulturgruppen sich von anderen Gruppen absetzen (Tomasello 2016, S. 208).

Es ist also eher so: Die dunkel pigmentierte Haut von Menschen erlaubt Hellhäutigen, sich eine Gruppenidentität aufzubauen, um sich damit von dunkelhäutigen Gruppen abzusetzen. Nicht die Hautfarbe der Anderen ist entscheidend, sondern, dass man sich selbst von anderen als weißhäutig unterscheidet. Im Zuge dieses Identifikationsprozesses wird die eigene Gruppe bevorzugt bis hin zur Vetternwirtschaft, begleitet von Vorurteilen gegenüber der Fremdgruppe. Rassismus beruht dann genetisch betrachtet darauf, dass unsere emotionalen Grundeinstellungen uns zur Bevorzugung der eigenen Gruppe verleiten. Gleichzeitig neigen wir dazu, uns Fremden gegenüber ablehnender zu verhalten. Es geht nicht darum, dass eine andere Gruppe von Menschen sich von uns genetisch soweit unterscheidet, dass wir von einer „anderen Rasse" sprechen könnten.

Nach der hier vorgestellten Theorie erweitert sich das Spektrum des Rassismus von den Genen hin zu den Softgenen, also um kulturelle Eigenheiten. Wie wir bei dem Thema Identitätspolitik gesehen haben, stehen sich Gruppen gegenüber, die sich weniger durch die Hautfarbe als vielmehr durch ihren Lebensstil und ihrer Weltanschauung von anderen unterscheiden. Das führt uns zum H. intellegens und dem Populismus: Eliten, oder wie sie hier etwas polemisch als H. intellegens bezeichnet werden, hegen eine uneingestandene Verachtung für das Volk, das wiederum seine Abneigung gegenüber den Eliten pflegt. Das drückt sich mörderisch in den Säuberungen verschiedener proletarischer Revolutionen aus: Während der von Mao Zedong ausgerufenen „großen Proletarischen Kulturrevolution" werden Lehrer, Ärzte, Künstler und

Mönche drangsaliert oder umgebracht und Tempel, Bibliotheken, Museen und Kulturdenkmäler zerstört. Pol Pot lässt alle Stadtmenschen aufs Land deportieren, weil sie Stadtmenschen sind, im Gegensatz zu Bauern. Dabei kommen eine unfassbare Zahl an Menschen um, die nicht dem kulturellen Ideal seines Steinzeitkommunismus entsprechen.
Trennend dabei sind kulturelle Marker. Vor allem soziale Parameter wie Bildung, Einkommen und Lebensstil spielen bei dieser Art von Rassismus eine Rolle. Fatal ist: Zwischen Eliten und Unterschichten und allgemein zwischen Menschen mit unterschiedlichen Weltanschauungen versiegt der genetische Austausch, was ironischer Weise biologisch gesehen langfristig zur Aufspaltung in unterschiedliche Spezies führen kann. Verfolgen wir diesen letzten Gedanken noch ein bisschen:

Partnerwahl

Eine Wahl ist immer auch eine Wertung. Wir können nicht ausschließen, dass unsere Vorlieben und Abneigungen gegenüber einem möglichen Sexualpartner eine der emotionalen Grundlagen für rassistische Gefühle ist. Die Partnerwahl ist die einzige Verhaltensweise, die ein Lebewesen aktiv gestalten kann, um die genetischen Grundlagen der Nachkommenschaft zu beeinflussen. Hierbei ist Wertschätzung und Ablehnung von Körpermerkmalen wohl nicht nur im Tierreich eine bedeutende evolutionäre Kraft. Es sei hier nochmals an die Buntbarsche erinnert: *Eine falsche Farbe kann für ein Weibchen ein ernstliches Paarungshindernis bedeuten.* Und wie bei den Buntbarschen sind auch beim H. sapiens die Männer weniger wählerisch als die Frauen. Dass die sexuelle Selektion auch bei Menschen ihre Kraft entfaltet, darauf deuten die vielen kulturellen Universalien hin, die Anthropologen in fast jeder Kultur wiederfinden und die die Fortpflanzung betreffen: *Sexuelle Verbote, Inzest-Tabus, Pubertätsverhalten, Liebeswerben, Haartrachten, Körperschmuck, Tanz, Eheschließung, Schwangerschaftssitten, Geburtshilfe, Geburtsnachsorge, Familienfeiern, Erziehung, Verwandtschaftsgruppierungen* (Wilson 2000, S. 198). Die Partnerfindung bei uns Menschen wird kulturell ausgeformt. Wir benutzten Schminke, um jünger auszusehen, kaufen teure Kleidung, um den eigenen Status zu demonstrieren. Das sind zwei Beispiele, mit denen Menschen ihren Wert auf dem Markt der Eitelkeiten zu erhöhen suchen. Im Vergleich zum Tierreich ist die Sache bei Menschen aber deutlich komplizierter. Denn Männer haben neben ihren Genen

noch etwas anderes zu bieten, das Frauen für ihren Nachwuchs benötigen: Unterstützung für ihre Kinder. Frauen müssen Männer langfristig an sich binden können, Frauen müssen untereinander um die treuen und fürsorglichen Männer konkurrieren. Sie konkurrieren untereinander mit anderen Mitteln als Männer, weil sie mit Merkmalen konkurrieren müssen, die für Männer attraktiv sind. Das sind vor allem Jugend und Schönheit, aber auch Status – sie wetteifern erbittert auch um lokalen Einfluss und Zugang zu Ressourcen für sich und ihre Kinder (Hrdy 2010, S. 25). Männer hingegen konkurrieren mit Stärke, Status und Charakter untereinander um die Frauen.
Weder Mann noch Frau kann so einfach aus dem Karussell der Triebe aussteigen. Das Patriarchat, so es denn überhaupt so genannt werden sollte, dieses Feindbild des Feminismus, wird auf dieselbe Weise tradiert, wie der Pfauenschwanz. Frauen bevorzugen Männer mit Reichtum, Macht und Status, und daher hat ein Mann kaum eine Wahl: er muss– und zwar mit anderen Männern – konkurrieren. Anders herum wird es unmittelbar klar: Keine Frau interessiert sich für den Obdachlosen unter der Brücke, auch wenn er die besten Gene mitbrächte und ein herzensguter Mann wäre.

Sexuelle Isolation: Eliten

Wenn Bevölkerungsgruppen sich genetisch von anderen isolieren, ist oft die Bewahrung des Status die Triebfeder, es geht um die Erhaltung materieller und immaterieller Güter für den eigenen Nachwuchs. Das Eliten unter sich heiraten, reicht weit in die Vergangenheit zurück. Der europäische Adel heiratet auch heute noch am liebsten standesgemäß. Auch andere Gesellschaftteile neigen dazu, eheliche Gemeinschaften entlang zu großer softgenetischer Unterschiede mindestens zu unterbinden. Im Jahr 1930

entwarfen der Jesuitenpfarrer Daniel Lord und der katholische Filmjournalherausgeber Martin Quigley ein Regelwerk, an das sich die Filmbranche der USA zu halten hat: Strikt zu meiden in Filmen *waren fortan Nacktheit und „sexuelle Perversionen" – und ebenso Gotteslästerung, Schimpfwörter oder gar „sexuelle Beziehungen zwischen den weißen und schwarzen Rassen (*wikipedia 10). Man beachte die Gleichbehandlung von Gotteslästerung und Mischehen. Ein Mischehenverbot zwischen Weißen und Afroamerikaner, bzw. Indianern bestanden überdies in 16 Bundesstaaten der USA noch bis 1967. Noch bis 1992 verbot das Apartheitsregime in Südafrika das Heiraten zwischen Weißen und Schwarzen. In Indien finden wir die einzelnen hinduistischen Kasten, die als „Artgrenze" den genetischen Austausch zum erliegen bringen. Auf den Straßen und vor den Hotels des Stadtstaates Singapur patrouillieren Gurkhas, *aus Nepal rekrutierte Elitekämpfer, die keine singapurischen Frauen heiraten dürfen, damit sie auf Distanz zur Bevölkerung bleiben (*Spohr 2018).
Auch über Glaubensgrenze hinweg zu heiraten war und ist verpönt: Christen heiraten besser keine Moslems, und das Judentum definiert sich selbst als das auserwählte Volk, man heiratet am besten nur untereinander. Auf der Internetseite „Frag-den-Rabbi" rät Dr. Gabriel Miller einer Frau: *Vom traditionellen orthodoxen Standpunkt aus müsste ich der Fragestellerin folgenden Rat erteilen: Lassen Sie die Finger davon* [mit einem Christen ein Kind zu zeugen]*, heiraten Sie einen Juden und gründen Sie eine jüdische Familie (*hagalil 01). Noch strenger ist es bei den Drusen, denn es kann nur jemand ein Anhänger des Drusentums werden, dessen beide Eltern Drusen sind. In den USA bahnt sich die Isogamie auch in politischen Lagern an: Die Normalbürger wären als überzeugte Republikaner oder Demokraten deutlich weniger erfreut davon, wenn ihre Kinder einen Anhänger der

anderen Partei heiraten würden (Krupnikov 2020). Verschiedene soziale Lager möchten nichts mehr miteinander zu tun haben, es gibt weder einen fruchtbaren geistigen Austausch, noch kommt man sich menschlich näher.

Wir haben einen weltweiten deutlichen Trend zum „Assortative Mating", also die Tendenz zur Paarung unter Gleichen (Bojanowski 2011). Teilt man die westlichen Gesellschaften in sieben Schichten von Oberschicht über Obere, Mittlere, Untere Mittelschicht, Obere und Untere Unterschicht und schließlich Sozial Verachtete auf, ergibt sich, *dass praktisch vollständig schichtgleich oder mit der direkt benachbarten Schicht geheiratet wird (*Kilian 2017, S. 291). Das ist ein Phänomen, dass uns aus der Biologie als assortativen Artenbildung bekannt ist. Fakt ist, dass sowohl ein kultureller wie ein genetischer Austausch zwischen den soziokulturellen Ober- und Unterschichten kaum oder gar nicht mehr stattfindet. Diese Entwicklung verschärft vor allem den Gegensatz zwischen Arm und Reich - politisch gesehen wird der Klassenkampf dadurch zum Rassenkampf! Und sie vertieft auch die Kluft zwischen den H. intellegens und dem "einfachen Volk"

Unterdrückung der Frauen

Mit zum Thema Rassismus gehört sicherlich auch, als Dauerbrenner in der kulturwissenschaftlichen Forschung, die Unterdrückung der Frauen. Wie weit sich Männer und Frauen genetisch unterscheiden, ist sicher eine interessante Frage. Und es geht wohl weniger um unterschiedliche Rassen, sondern mehr darum, dass sich unterschiedliche Aliens gegenüber stehen: Frauen sind von der Venus, Männer vom Mars. Scherz. Tatsache ist, dass sich die Fortpflanzungsstrategien von Männern und Frauen erheblich unterscheiden. Männer gehen fremd, wenn sich eine günstige Gelegenheit bietet, Frauen gehen fremd, wenn sich eine Aussicht auf bessere „Gene" bietet. Grob gesagt geht es um Quantität versus Qualität. Männer können ihren Fortpflanzungserfolg steigern, wenn sie mit möglichst vielen Frauen schlafen – Frauen dahingegen können nur wenige Kinder in ihrem Leben gebären – dass verpflichtet sie zur sorgfältigen Wahl des Geschlechtspartners. Und diese unterschiedlichen Strategien beinhalten ein großes Konfliktpotential.

Zur Lösung dieses Konflikts können naturwissenschaftliche Einsichten beitragen. Die Unterdrückung der Frau resultiert nicht aus den Machtgelüsten des Mannes – dafür haben nebenbei bemerkt viel zu viele Frauen auf der Welt zu Hause die Hosen an oder regieren gar Länder. Die Unterdrückung durch Eliten war und ist auch immer eine Unterdrückung der meisten Männer und möglicher Weise zielt sie sogar explizit dahin. Zunächst: Wenn nur einer herrscht, sind alle anderen die Beherrschten, egal ob Mann, Frau oder Kind. Das, was als Unterdrückung der Frau spezifisch ist, ist der Versuch dominanter Männer, andere Männer von ihrer (ihren) Frau(en) fernzuhalten. Das Hauptziel patriarchalischer Gesellschaftssysteme ist es, mächtigen Männern eine gesicherte Vaterschaft zu garantieren (Hrdy 2000, S. 296). Hier, und nicht, wie Marx/Engels vermuten, in der Arbeitsteilung der Geschlechter, ist die Ursache für die sogenannte patriarchalische Unterdrückung der Frau zu suchen. Biologisch lässt sich das leicht einordnen: Was alle Mütter gemeinsam haben, ist die enge und sichere Verwandtschaft zu ihren Kindern. Das, was Männer gemeinsam haben, ist die Furcht, nicht der Vater von Kindern zu sein, für die sie Sorge tragen. Es galt bis vor kurzem das alte römische Recht: Die Mutterschaft ist stets gesichert, die des Vaters nie (mater semper certa est pater incertus). Hörner aufgesetzt zu bekommen ist, vom biologischen Standpunkt aus betrachtet, das Schlimmste, was einem Mann passieren kann. Er würde Unterstützung für Nachwuchs anbieten, der nicht seine eigenen Gene trägt und so weniger Ressourcen für seine wirklichen Kinder erübrigen können. Männer müssen daher, aus evolutionärer Sicht, unter allen Umständen verhindern, dass andere Männer Sex mit den Frauen herankommen, die sie selbst beanspruchen.

Ist die Frau jungfräulich, kann sie auch kein Kind von einem anderen Mann mit in die Ehe bringen. Das Jungfrauenproblem tritt an prominenter Stelle z.B. im Christentum auf: Maria bringt ein ungeborenes Kind, Jesus, mit in die Ehe. Das Christentum greift dann eine altbekannte Denkfigur der damaligen Zeit auf: Christus wird nicht von einem einfachen Mann, sondern von einem Gott (genauer: dem Heiligen Geist) gezeugt. Wie wir gesehen haben, schafft diese Denkfigur qua Geburt einen hohen Status.

Jungfräulichkeit bei Frauen ist in vielen Kulturen eine Voraussetzung für eine Eheschließung. – Daneben kann das Insistieren der Männer auf die Jungfräulichkeit von Frauen noch einen anderen evolutionären Grund haben, da dieses Verhalten einen gewissen Schutz vor Geschlechtskrankheiten bietet) (Bregman 2020, S. 129. Das benachteiligt Frauen zwar, schützt sie aber ähnlich wie die Männer.

In allen Kulturen, die Ehebruch sanktionieren, wird das Fremdgehen der Frau stärker verurteilt als ein Seitensprung des Mannes. Über alle Kulturen hinweg gibt es die Wertschätzung der weiblichen Keuschheit, die Gleichsetzung des „Schutzes" der Frau mit dem Schutz vor sexuellen Übergriffen, die Vorstellung, dass Ehebruch durch die Frau eine Eigentumsverletzung ist. Das wird auch in der Bibel deutlich, wenn dort geschrieben steht: *Du sollst nicht begehren deines Nächsten Weib, noch seinen Knecht, noch seine Magd, noch sein Rind, noch seinen Esel, noch alles, was dein*

*Nächster hat (*2.Mose 20.17). Auf der ganzen Welt verhalten sich Männer so, als würde ihnen die Vagina ihrer Ehefrauen gehören (Ridley 1995, S. 278). Untreue gilt als Provokation, auf die ein Mann oft gewalttätig reagiert. Ein Drittel der rund 3.500 Frauen, die 1998 in den USA ermordet werden, werden von ehemaligen Liebhabern getötet.

Der aus evolutionärer Sicht größte anzunehmende Unfall, ein Kind aufzuziehen, dass nicht das eigene ist, ist ein plausibler Grund für die vielfältigen Formen der Unterdrückung der Frauen, von der Genitalverstümmelung, um die Lust auf fremde Männer zu dämpfen, über die Aufbewahrung der Frauen in Harems unter der Obhut von Eunuchen, bis hin zu strengen Kleiderordnungen und dem Verbot, selbst Auto zu fahren, wie es in Saudi Arabien bis vor kurzem noch der Fall war.

Vaterschaft

Die Gleichberechtigung der Frauen in den westlichen Industrieländern ist eine Erfolgsgeschichte. Sie gelang nicht durch Abgrenzung, sondern durch Einbezug: Man muss Frauen den Zugang zum Bildungswesen gestatten, weil klar wird, dass Frauen den Männern intellektuell ebenbürtig sind, sie gehören mit zur intellektuellen In-Group. Es lässt sich wissenschaftlich belegen, dass Frauen dieselben geistigen Herausforderungen meistern können, wie Männer.

Zu den Erfolgen der Emanzipation gehört auch die Durchsetzung der Vaterpflicht, dass ein Vater für den Unterhalt des von ihm gezeugten Kindes aufzukommen hat. Mit der Genom-Analyse ist ein neues Zeitalter angebrochen, ab jetzt kann der Vater eindeutig identifiziert werden. Damit entfällt die Urangst der Männer, für Kinder Unterstützung zu gewähren, die nicht ihre eigenen sind. Ab jetzt gilt: mater et pater semper certus – beide können sich ihrer Elternschaft sicher sein. Damit wird vieles im Geschlechterkampf obsolet, mindestens aber die Unterdrückung der Frauen zum Zwecke, die Vaterschaft zu garantieren. Die Naturwissenschaften weisen mit dem Hilfsmittel der Genom-Analyse den Weg aus diesem Problemkreis. Die Kulturwissenschaftler sollten diese Erkenntnis nutzen und politisch und kulturell verankern.

Gorilla – Mensch – Bonobo

Wir Menschen stehen anatomisch gesehen in der Mitte zwischen der Gattung Gorilla und der Art Bonobo. Männer sind im Schnitt immer noch größer und schwerer als eine durchschnittliche Vertreterin des weibliche Geschlechts und sie konkurrieren immer noch über Körperkraft und Status untereinander um Frauen. In fast allen Kulturen konnten mächtige Männer mehr als eine Frau für sich beanspruchen. Aber, was das Verhältnis von Körpergröße zu Hoden betrifft, sind wir ein Mischtyp aus eifersüchtigem Haremsbesitzer auf der einen Seite. Auf der anderen Seite können Männer auch Spermienkonkurrenz mit einem deutlichen Hang zur Promiskuität. Spermienkonkurrenz begleitet die Menschheit mindestens seit den Anfängen der Prostitution, und die ist bekanntlich das älteste aller Gewerbe.
Das menschliche Sexualverhalten weißt noch eine Besonderheit aus, die im Tierreich nur sehr selten zu beobachten ist: Die menschliche Sexualität ist bei weitem nicht nur für die Zeugung von Nachwuchs wichtig – dafür treiben es die Menschen zu toll (Junker 2021). Eine Überschlagrechnung mag das verdeutlichen: Bezogen auf die fruchtbaren zwei Jahrzehnte von Frauen zwischen Anfang 20 und Ende 30 und der Häufigkeit von Sex von Menschen in Beziehung in diesem Zeitraum von 1 bis 3 Mal die

Woche ergibt ungefähr 2.000 sexuelle Kontakte. Da Frauen im Durchschnitt in Deutschland weniger als 2 Kinder bekommen, ergibt sich die erstaunliche Trefferquote von vielleicht 1:1.000 für eine Zeugung. Selbst wenn wir Abtreibungen und Fehlgeburten aller Art herausrechnen, ändert es nichts an der Tatsache, dass da noch andere Gründe vorliegen müssen, warum sich Männer und Frauen zusammen ins Bett legen. Außerdem haben auch Homosexuelle gleichgeschlechtlichen Sex und Frauen nach ihrer Menopause, und bei diesen Bevölkerungsgruppen ist eine Zeugung von vornherein ausgeschlossen.
Der Gorilla in uns prägt unsere offizielle Fortpflanzungskultur mit institutionalisierten Rechtsetzungen wie der Ehe. Wir finden diese Institution in weltweit allen Kulturen. Insbesondere finden wir eine reichhaltige Sammlung von sexuellen Verboten, um die Machtstrukturen einer Gemeinschaft aufrecht zu erhalten. Allerdings reichen Gorillas, Gibbons und Orang-Utans 3 bis 20 Versuche, um für Nachwuchs zu sorgen. Schimpansen haben einigen hundert Male Sex pro Zeugung, Bonobos sogar über 1.000 Male. Bonobos sind unsere nächsten Verwandten im Tierreich, mit ihnen stimmen wir genetisch am engsten überein. Unter anderem können Bonobos mühelos auf zwei Beinen gehen. Wie bei den Menschen sind die Weibchen fast ständig empfängnisbereit. Bonobos haben nicht nur zur Arterhaltung Sex. Weibchen und Männchen paaren sich auch zum Abbau von Spannungen und zur Beilegung von Konflikten miteinander. Und auch für uns Menschen kann als gesichert gelten: Der häufige, vom Ziel der Befruchtung abgekoppelte Sex bei Menschen dient noch anderen Zwecken, mindestens denen des näheren Kennenlernens und der Beziehungspflege. Bonobos sind aus der Sicht des linken Lagers die politisch korrekten Primaten: Neben ihrem Hang zur gleichgeschlechtlichen Liebe und der weiblichen

Vorherrschaft pflegen sie einen insgesamt recht friedlichen Lebenswandel. Während die Gorilla-Männchen im steten Krieg mit ihren Konkurrenten leben, besteht für einen Bonobo die beste Strategie zur genetischen Verewigung darin, sich satt zu essen, ausgiebig zu ruhen und sich insgesamt fit zu halten für einen langen Tag voller sexueller Ausschweifungen.

Liberalisierung der Liebe

Männer haben das Potential zum eifersüchtigen Haremsbesitzer und mächtige Männer haben das immer ausgelebt und tun es bis heute. Gleichzeitig hat der Mann das Potential zum toleranten promiskuitiven Liebhaber, der, gewaltlos auf menschlicher Ebene, seine Spermien um den Fortpflanzungserfolg kämpfen lässt. Und auch Frauen haben durchaus ihre Bonobo-Seite. Beides hat heute unter der Bezeichnung „Polyamorie" Einzug in die deutsche Sprache gefunden.

Prostitution ist die am längsten gelebte Ausprägung unserer Bonobo-Natur. Sie gilt als das ursprünglichste Gewerbe in der menschlichen Arbeitsteilung, und Prostitution ist auch mit den härtesten Strafen nicht zu unterdrücken. Prostitution ist ein universelles Phänomen und die Liberalisierung und Entstigmatisierung möglicherweise auch ein Baustein in eine friedlichere, egalitärere Gesellschaft. Ilan Stephani, die zwei Jahre als Prostituierte gearbeitet hat, argumentiert aus der Sicht der Betroffenen, wenn sie sagt: *Nicht der Verkehr mit Fremden machte mir zu schaffen – sondern wie die Gesellschaft Sexarbeit stigmatisiert (*Sturm 2017).

Zu den Defiziten unserer Demokratie gehört sicherlich noch immer, diese Stigmatisierung nicht zu bekämpfen. Dass es fließende Übergänge zum freieren Umgang mit Sexualität gibt, zeigen Mätressentum und heute die

Escort-Services und nicht zuletzt das App-Portal Tinder. Zur Liberalisierung gehört auch die Anerkennung unterschiedlicher Lebensformen des Zusammenlebens wie Patchwork-Familien, Homo- und Lesbenehen. Auch hier ist noch viel zu tun. Auch wenn Marx und die 68er-Bewegung sich in vielem irrten, waren sie mit ihrem Postulat der freien Liebe vielleicht auf dem richtigen Weg: „Make love, not war". Oder besser und auf Rassismus bezogen: „Make love, no hate."
Die Liberalisierung und Enttabuisierung (Inzest und Pädophilie natürlich ausgenommen) der Sexualität ist ein Weg, innergesellschaftliche Grenzen und Rassismus zu überwinden. Die Politik sollte für eine möglichst weitgehende Liberalisierung der Sexualität eintreten, so wie sie sich ansatzweise sowieso in demokratisch verfassten Gesellschaften einstellt. In einem ZEIT-Interview äußert sich die Bosch-Erbin und Aktivistin für die gesellschaftliche Akzeptanz von geschlechtlicher und sexueller Vielfalt in ähnlicher Weise: *Oder nehmen Sie das Thema Heiraten: Die Menschen kommen immer häufiger aus der gleichen sozialen Schicht, dem gleichen sozialen Umfeld. Arzt heiratet Ärztin. Dabei ist Heirat eines der besten Mittel, Schichtengrenzen zu überwinden. Ich halte das auch für die beste Antwort auf den grassierenden Rassismus: eine echte Durchmischung* (Gatzke & Koschnitzke 2017).

Einige weitere Folgerungen

Softgene überleben durch das Überleben der Gruppe und damit sind sie vor allem damit beschäftigt, den Egoismus einzuschränken und die Kooperation zwischen den Gruppenmitgliedern zu fördern. Diese Hypothese wirft die Frage auf, wie eine Gruppe am effizientesten zu organisieren ist. Das betrifft jedes Wirtschaftsunternehmen und vor allem auch die Wähler einer Nation, wenn sie denn eine Wahl haben. Inwieweit hat uns die Evolution auf das Problem der Selbstsucht mächtiger Herrscher, auf das Problem herrschen und beherrscht werden psychologisch vorbereitet? Unsere Vorfahren im Pleistozän leben vermutlich in relativ egalitärem Gesellschaften. Das liegt daran, dass sie als Jäger und Sammler kaum Besitz haben und gleichzeitig stark aufeinander angewiesen sind. Auch heute noch leben nahezu alle Gruppen von Jägern und Sammlern egalitär und unterdrücken übermäßiges Dominanzverhalten durch Bündnisse Anderer (Tomasello 2016, S. 71).

Auf der anderen Seite ist eine klare Befehlsstruktur bei Kriegen sicherlich ein Vorteil und damit auch bezüglich der Gruppenselektion. Und so müssen wir nicht erst seit Donald Trump befürchten, dass Menschen dazu neigen, einem „Führer" zu folgen. Das wichtigste Kriterium scheint zu sein, dass die Anhänger eines Führers sich dessen gewiss sind, dass er „einer von uns" ist. Deswegen war Trumps Slogan: „Amerika first" ein Geniestreich. Er war Amerikaner und alle Wähler waren Amerikaner, er also einer von ihnen, und er würde seine eigene Gruppe bevorzugen. Und gemeinsam ginge es gegen den Rest der Welt. Kameradschaft, das verbindende Wir-Gefühl, sind die

Waffen, mit denen man Kriege gewinnt und in friedlichen Zeiten Wahlen.
Allerdings, und das stellt sich mehr und mehr heraus, ist Konkurrenz, so wie sie Donald Trump zwischen den USA und dem Rest der Welt sieht, nur die zweitbeste Strategie: Weltweite Kooperation bringt nicht nur mehr Wohlstand für alle – das zeigte der Erfolg der Globalisierung – sondern ist unabdingbare Voraussetzung für die Lösung weltweiter Probleme wie Pandemien, Klimawandel und anderer, sicher noch kommenden Katastrophen.

Armut

Ungleichheit drückt sich dadurch aus, dass Menschen unterschiedlichen Zugang zu Ressourcen haben. Und das lässt sich in verfügbarem Geld messen. Die Ergebnissen der Hirnforschung zeigen, wie eng unsere Veranlagungen und unsere Kulturbausteine, also unsere Gene und Softgene zusammenspielen: So wie es bei den Genen Defekte gibt, die sich ungünstig auf ein Lebewesen auswirken, so gibt es mindestens bei uns Menschen Softgene, die, wenn sie ungenügend ausgebildet sind, Chancen auf ein erfreuliches Leben schmälern. Wie schon gesagt, werden auch Softgene, hier: Besitzes und Status vererbt. Bekommt ein Mensch qua Geburt zu wenig davon, hat das dramatische Auswirkungen auf seine Entwicklung! Gemeint ist hier vor allem: Armut. Und Armut geht oft einher mit mangelnden Bildungschancen. Armut ist eine Form des Rassismus und im Grunde der Konflikt des H. intellegens mit den eher ungebildeten einfachen Arbeitern und Angestellten der unteren Mittelschicht und Unterschicht.
Ausschlaggebend dafür, sich arm zu fühlen, ist nicht das absolute Einkommensniveau, sondern der Vergleich mit dem Umfeld. Dass das gar nicht anders

sein kann, liegt auf der Hand – keine Generationen vor der Einführung der Landwirtschaft hatte größeren materiellen Besitz und man würde unterstellen, dass die allermeisten Menschen, die je gelebt haben, sich bitter arm gefühlt haben müssten, verglichen mit unserem heutigen westlichen Lebensstandard. Kein in der Steinzeit lebender Jäger oder Sammler hatte einen Schrank voller Anziehsachen, einen Kühlschrank, gefüllt mit leckerem Essen, einen Tesla vor der Höhle oder ein iPhone. Trotzdem dürfen wir davon ausgehen, dass er sich nicht so arm gefühlt hat, wie jemand, der heute in einem Industriestaat lebt und lediglich einen Lendenschurz, eine Steinaxt und noch Pfeil und Boden als einzigen Besitztum sein eigen nennt. Man kann nichts vergleichen, was man nicht kennt.

Allerdings kennen wir unsere Nachbarn. Fahren diese größere Autos als wir selbst, fühlen wir uns arm und unterlegen, unabhängig davon, dass der größte Teil der Menschheit nicht einmal von dem billigsten Auto träumen könnte. *Eine kräftige Gehaltserhöhung verhagelt die Laune, wenn die für die Kollegen noch etwas höher ausfällt. Stattdessen löst eine minimale Verbesserung des Gehaltes Zufriedenheit aus, wenn die Kollegen noch weniger oder sogar gar nichts bekommen* (Herrmann 2021). Das dahinter steckende Problem ist die soziale Hierarchie. Arme Menschen fühlen sich sozial minderwertig, und das nicht ohne evolutionären Grund: Nach der Hypothese der guten Gene, dass Menschen ihre Partner oft nur in derselben sozialen Schicht aussuchen können (Assortative Mating), folgt: Arme Menschen finden nur Lebenspartner unter der armen Bevölkerung. Und das sind düstere Aussichten für ihre Kinder.

Sich arm fühlen schädigt die Gesundheit und den Zusammenhalt in der Gesellschaft. Es gilt, *je häufiger die Armen mit der Nase auf ihren niedrigen Status gestoßen werden, desto steiler ist der Gesundheitsgradient,* also der Unterschied in der

Gesundheit und Langlebigkeit zwischen armen und reichen Leuten (Sapolsky 2017, S. 572, 383, f.). Daneben verringert sich die kollektive Menge an Ressourcen wie Vertrauen, Gegenseitigkeit und die Möglichkeit, zu kooperieren, also das, was man als soziales Kapital bezeichnen kann. Kooperation beruht auf Vertrauen, und Vertrauen auf Gegenseitigkeit und Gegenseitigkeit auf Gleichheit. Wenn die Ungleichheit größer wird, gehen die Leute unfreundlicher miteinander um. Und so ist Armut in einem Umfeld mit hohen Einkommensunterschieden ein verlässlicher Vorhersagefaktor für Gewaltkriminalität. Staaten mit hohen Einkommensunterschieden geben für das wichtigste Instrument der Kriminalitätsbekämpfung, der Bildung, verhältnismäßig wenig Geld aus.
Aber die Wirklichkeit ist weit empörender. Nicht nur, dass Armut *eine höhere Rate von schweren Depressionen, Angststörungen, Selbstmorden und stressbedingten Erkrankungen* verursacht – der sozioökonomische Status beeinflusst auch schon die Entwicklung des kindlichen Gehirns! (Sapolsky 2017, S. 546). Je niedriger der sozioökonomische Status eines Kindes im Alter von fünf Jahren ist, desto höher ist die Stressanfälligkeit und desto unzulängliche sind die frontalen Funktion, die Arbeitsgedächtnis, Emotionsregulation, Impulskontrolle und exekutive Entscheidungsfindung betreffen. Armut verzögert darüber hinaus die Reifung weiterer Hirnregionen, etwa die des Corpus callosum, jenes Strangs von Nervenfasern, der die beiden Hirnhemisphären miteinander verbindet und ihre Funktion integriert. Es ist einfach unerträglich, meint Robert Sapolsky, aber *wenn sie so töricht sind, sich eine arme Familie für ihre Geburt auszusuchen, dann haben sie schon im Vorschulalter kaum noch eine Chance, die Marshmallow-Tests des Lebens zu bestehen (*Sapolsky 2017, S. 259). Der Marshmallow-Test bei Kindern im Vorschulalter untersucht die Fähigkeit zum

Belohnungsaufschub: „Jetzt sofort einen Marshmallow oder etwas warten und dann zwei bekommen." Die Fähigkeiten zum Belohnungsaufschub und zur Impulskontrolle, die darüber getestet werden, sind ein Prädiktor für den späteren akademischen Erfolg und eine Reihe positiver Persönlichkeitseigenschaften.

Reichtum

Geld ist Macht. Macht korrumpiert, grenzenlose Macht korrumpiert grenzenlos. Der Psychologie Dacher Keltner behauptet, dass Macht in vierfacher Weise korrumpiert: Macht führt (1) zu Defiziten an Empathie und moralischem Handeln, (2) zu einem eigennützigen impulsiven Wesen, (3) zu Unhöflichkeit und Respektlosigkeit und (4) zu einer überheblichen Einschätzung der eigenen Einzigartigkeit (Keltner 2016). Kurz: Macht macht aus Menschen Rassisten. Dabei besteht die In-Group nur aus einer Person, oder vielleicht aus einem kleinen Zirkel der Mächtigen. Zur Out-Group gehören alle anderen, insbesondere die Armen. Der Grund ist im wesentlichen, dass reiche Menschen weniger abhängig vom „Wir" sind. Ihre Aufmerksamkeit verschiebt sich auf die eigenen Interessen. Dort, wo die Kluft zwischen Arm und Reich besonders tief reicht, haben die Reichen wenig Interesse an den öffentlichen Gütern, von denen sie proportional auch weniger profitieren. Sie bevorzugen statt Steuern für öffentliche Infrastrukturen lieber Steuersenkungen, statt dem öffentlichen Verkehr lieber einen Chauffeur, statt einer gut ausgebildeten Polizei lieber einen privaten Sicherheitsdienst, statt öffentlicher Schulen lieber reich ausgestattete Privatschulen, statt einer allgemeinen solidarischen Krankenversicherung lieber eine Privatversicherung mit entsprechenden Privilegien. Insgesamt schwinden bei Menschen mit dem Reichtum die Fähigkeiten, sich in die

Unterprivilegierten hineinzuversetzen, Mitgefühl zu empfinden und sich um das Wohlergehen der anderen zu sorgen. Reiche Leute sind geizig. In einer ganzen Reihe von Studien hat Dacher Keltner nachweisen können, dass Versuchsteilnehmer *im Durchschnitt umso weniger Mitgefühl für Menschen in Not erkennen ließen und umso hartherziger handelten, je wohlhabender sie waren (*Sapolsky 2017, S. 689). Reiche Leute erweisen sich in Experimentalsituation als gieriger und eher bereit zu betrügen oder zu stehlen. Tragischer Weise richtet sich die Wut der Einkommensschwachen nicht immer gegen die reichen Eliten, was an der Aggressionsverschiebung liegen mag: Wie erwähnt jagt auf dem Affenfelsen ein ranghohes Männchen ein subadultes Männchen, wenn es einen Kampf um die Rangfolge verliert. Dieses beißt dann prompt ein Weibchen, welches daraufhin ein Junges schlägt. In ähnlicher Weise richtet sich die Wut und Gewalttätigkeit der Unterprivilegierten oft nicht nach oben gegen die Eliten, sondern weiter nach unten in Richtung von Hartz IV-Empfängern und Migranten. Aber im Allgemeinen neigen Menschen eher nicht zu Gewalt und tödlichen Auseinandersetzungen. Wenn wir das Phänomen „Krieg" und ganz allgemein soziale Konflikte verstehen wollen, müssen wir uns vor allem mit den Machthabern und Eliten auseinandersetzen.

Eine weitere dunkle Bedrohung

Wir haben gesehen, dass Evolution schnell voranschreiten kann. Beljajew und Trut zeigen an den Silberfüchsen, dass nur wenige Regelschieber bei der Gensteuerung von Hormonen verstellt werden müssen, um aus einem aggressiven Geschöpf ein freundliches zu machen. Und diese Evolution funktioniert sicherlich auch in andere Richtungen. Als vor vielleicht 8.500 Jahren die Landwirtschaft Einzug hält, ändern sich die

Umweltbedingungen für den H. sapiens radikal, insbesondere können sich starke Hierarchien ausbilden. Religionen tragen dazu bei, ein moralisches Gerüst in einer Gemeinschaft zu etablieren und zu bewahren. Transzendente Persönlichkeiten wie JHWH (im hebräischen Bibeltext der Eigenname Gottes) sind überaus hilfreich. In den von Göttern beaufsichtigten Reichen fördern Eliten eine menschliche Anpassung hin zum Gehorsam Autoritäten gegenüber und die Verehrung von Führern bis hin zur Vergötterung. Für die meisten protestantischen Geistlichen liegt es noch Mitte des 19. Jahrhundert auf der Hand, dass Gott Obrigkeit und Untertanen geschaffen hat. Wer sich gegen die herrschende Gesellschaftordnung auflehnt, wer über neue Staats- und Gesellschaftsformen auch nur nachdenkt, *lehnt sich aus der Sicht der Amtskirche nicht nur gegen den Staat auf, sondern rebelliert damit gleichzeitig auch gegen Gott (*Kliemann 2011, S. 245, f.).

Und so können sich über die grob geschätzten 300 bis 400 Generationen seit der Einführung der Landwirtschaft im Zuge der Elitenbildung Merkmale herausgebildet haben, die Menschen anfällig für die Verfrühungen von Populisten und Diktatoren machen. In einem Umfeld, in dem die gehorsamsten Untertanen den biologischen Vorteil einer größeren Nachkommenschaft genießen, während Revoluzzer und Aufständische rigoros umgebracht werden, können sich Gene durchgesetzt haben, die ihre Träger zu obrigkeitshörigen und gehorsameren Menschen machen, mit einem Hang zur Verehrung von Führern. Das um so mehr, wenn sie für ihren Gehorsam das Versprechen erhalten, nach dem Tod mit „ewigem Leben" belohnt zu werden. Diese Entwicklung würde spätestens mit den ersten großen Reichen eingesetzt haben und z.T. bis heute, z.B. in Nordkorea, andauern. Vielleicht war aber auch gar keine solche Evolution nötig. Bonobos, die an sich als kooperative Gesellen gelten, fühlen sich eher von Fieslingen und Grobianen angezogen, als von altruistischen Helfern. Menschen reagieren dagegen schon als Säuglinge anders, sie bevorzugen die freundlichen Helfer. Die Anthropologen Christopher Krupenye und Brian Hare von der Duke University in Durham interpretieren das Verhalten der Bonobos als die archaische Variante. *Die Tiere scheinen grobes Vorgehen gegen andere als Stärke zu interpretieren, die ranghohen Gruppenmitgliedern vorbehalten ist* (Charisius 2018). Unbestreitbar sind heute sehr viele Menschen empfänglich für populistische Verführer, wie die USA der Welt bei der Präsidentenwahl 2016 klarmachen, die Trump gewinnt. Wenn aber unsere Vorfahren als Jäger und Sammler die Egalität bevorzugen, ist die Unterordnung unter einen Führer, zu der wir offensichtlich auch gefühlsmäßig veranlagt sind, ein relativ neues Phänomen. Und so treffen auch heute noch Machtanmaßung, Machtmissbrauch und Privilegien, die sich die Eliten leisten, auf den im H. sapiens angelegten Hang zur Egalität und das äußert sich im Misstrauen und Wut gegen „die da oben". Wir erleben Herrschaft als eine Art Trittbrettfahrerei, weil sich die Herrschenden auf unsere Kosten Vorteile verschaffen, die ihnen in einer egalitären Gemeinschaft nicht zustehen würden. Die Abneigung gegen Eliten und Herrscher äußert sich in der nie ganz zu unterdrückenden Neigung, gegen Unterdrückung aufzubegehren. Uns macht unser Gefühl für Fairness zu Freiheitskämpfern.

Soziologisches zur Gruppenselektion

Bei dem Thema Regierungsform geht es um den Ausgleich zwischen den Interessen des Individuums und denen seiner Gruppe. Das ist ein klassisches Thema der Gruppenselektion. Es geht darum, wie viele

Ressourcen ein Individuum für die Gruppe zu erübrigen bereit ist, die es dann nicht für seine eigenen Zwecke verwenden kann. Das Dilemma ist: je mehr Kooperation in einer Gemeinschaft vorherrscht, desto erfolgreicher kann sie sich in Rivalität gegenüber anderen Gruppen durchsetzen. Andererseits, je mehr ich in eine Gruppe investiere, desto weniger bleibt individuelle für ich. Fast aller Gruppen regeln dieses Dilemma über gruppeninterne Hierarchien. Je höher mein Rang, desto mehr Ressourcen kann ich für mich reklamieren. Gleichzeitig regeln Hierarchien das friedliche Miteinander in einer Gemeinschaft über Machtausübung. Das Zugeständnis der ultimativen Machtausübung an eine transzendente Instanz war ein Meisterwerk der menschlichen Kulturentwicklung. Die Anmaßung von göttlicher Macht einzelner Gewaltherrscher das größte Schurkenstück. In Diktaturen vereinnahmt die Elite auch heute noch den Großteil des Wohlstandes, in einer Demokratie regelt sich das heute etwas anderes: Aber offensichtlich gilt auch hier: das Verhältnis eines Individuums zur Gemeinschaft verschiebt sich mit dem Reichtum hin zum Egoismus.

Der Konflikt zwischen Individual- und Gruppenselektion führt daneben auch zu unterschiedlichen Gesellschaftsformen: Wir haben im dicht bevölkerten ostasiatischen Raum Länder, die in ihren Kulturen eher das Kollektivistische, die Ansprüche der Gruppe und das Wohlergehen der Gemeinschaft betonen. Selektiert wurde hier vermutlich unter dem Einfluss des Reisanbaus: Er zwingt die Bevölkerung zur kollektiven Bewirtschaftung. Terrassenfelder müssen angelegt werden, Bewässerungssysteme entworfen und gepflegt werden, die Arbeit auf den Reisfeldern verlangt nach vielen Händen. Die Immigranten der USA unterliegen einer gegenteiligen Selektion: Hier versammeln sich die, die zu Hause nicht klar kommen, die Ketzer und religiösen Sektierer, die Abenteurer und Ruhelosen, die, die es aus dem Dorf hinaus in die freie Wildnis zieht, Menschen, die mit Autoritäten Probleme haben. Und folgerichtig finden wir in den USA eine Kultur, die die Unabhängigkeit, die Konkurrenz und die Bedürfnisse und Rechte des Individuums und seine persönliche Freiheit hervorhebt.

Was ist zu tun?

Unsere Persönlichkeitsmerkmale Neugierde, Gewissenhaftigkeit, Offenheit, Selbstbewusstsein und Verträglichkeit sind zu nicht unerheblichen Anteilen genetisch angelegt. Auf sie bauen unsere Vorlieben und Gefühle auf. Es spricht einiges dafür, dass sie auch unsere politische Grundeinstellung prägen.
*Gewissenhafte Personen votieren demnach häufiger für die Union, selten für die Grünen. Umgekehrt würden offene Charaktere wohl nicht auf die Idee kommen, CDU zu wählen, sondern am ehesten bei den Grünen ihr Kreuzchen setzen (*Bauermeister 2012). Viele Studien zeigen, *dass Progressive (Linke und Liberale) und Konservativ-Rechte in ihren Ideologien oft weit auseinanderliegen, weil sie sich grundlegend in ihren Denkstilen und Emotionen unterscheiden (*Hübl 2017). Wenn die Dinge nicht zu unserem Weltbild passen, *lassen wir sie nicht gelten – wir alle, egal ob links oder rechts (*Herrmann 2017). Im rechten Lager werden alle Fakten negiert, die die Existenz des Klimawandels stützen; *im linken Lager werden hingegen alle Abwehrmechanismen aktiviert, wenn Forscher die Sicherheit gentechnisch-veränderter Nahrungsmittel belegen (*Herrmann 2017). Es ist eine Art von *Stammes-Epistemologie, in der jede Gruppe die ihr gerade passenden Behauptungen als Wahrheiten deklariert. Sie haben Fakten? Nun, wir haben alternative Fakten (*Rühle 2018). Je überzeugter die Mitglieder des einen Lagers von der Richtigkeit ihres Denkens sind, desto eher erscheinen die Andersdenkenden als Bedrohung und desto eher radikalisiert man sich.

Wir sind, von der neuronalen Verarbeitung her betrachtet, gegenüber unserer eigenen sozialen Einheit am prosozialsten, wenn wir uns von unseren Emotionen leiten lassen, gegenüber Fremdgruppen sind wir hingegen dann am prosozialsten, wenn wir uns von unserer Kognition, also von unserer Ratio leiten lassen (Sapolsky 2017, S. 87). Das Elend der Welt bestehe in Vorurteilen, erklärte Hans Rosling, und leider sähen die meisten Medien ihre Aufgabe darin, die Ressentiments zu verbreiten. Was man dagegen brauche, seien eine gute Schulbildung und verlässliche InformationenBildung muss unsere rationalen Grundlagen stärken. Nur so festigt sie unsere Widerstandskraft gegen Vorurteile und Rassismus. Bildung wird dann kontraproduktiv, wenn sie religiöse Inhalte transportiert oder einer ideologischen Umerziehung dient.

Allgemein gilt, dass Staaten mit hohen Einkommensunterschieden verhältnismäßig wenig Geld für Schulen ausgeben. Privatschulen sind ein Pfad, über den sich Elitebildung vollzieht und erhält, die Eliten können sich dort hochklassige Bildung kaufen. In England sehen wir, wie Internate zur sozialen Spaltung zugunsten der Upper Class beitragen. Privatisierte Bildungseinrichtungen sind daher in einer Demokratie eher fragwürdig, zumal eine Demokratie nicht anderen Interessensgruppen erlauben darf, darüber zu bestimmen, was in den Bildungseinrichtung gelehrt wird. Eine Spaltung der Gesellschaft ist immer eine Art Rassismus. Dem vorzubeugen bedeutet, ein egalitäres, gut finanziertes, auf den Grundlagen universell geteilter Weltsichten aufsetzendes Bildungssystem zu fördern.

Demokratie

Menschliche Gesellschaften sind deutlich weniger hierarchisch aufgebaut als die meisten unserer näheren Verwandten im Tierreich, der Affen. Die meisten Generationen des H. sapiens lebten in relativ egalitären Gemeinschaften und der daraus resultierende

Gefühlshaushalt besteht im Wesentlichen bis heute fort. *Als Spezies tolerieren wir nur schwache Formen der Hierarchie (*Christacis 2019, S. 398).

In der Regel können wir nicht rational begründen, warum uns ein Politiker sympathisch ist oder nicht. Der Anthropologe Christopher Boehm listet dazu ein paar Merkmale auf, die ein Mitglied einer Jägern- und/oder Sammlergesellschaft mitbringen sollte, wenn er die Chefposition einnehmen will, und das liest sich ganz anders als das psychologische Profil autoritärer Herrscher oder das des vormaligen amerikanischen Präsidenten Donald Trump: Es sind Adjektive wie *großzügig, nett, tapfer, charismatisch, unparteiisch, offen, zuverlässig, ruhig, stark, enthusiastisch, bescheiden (*Bregman 2020, S. 258). Das ist bei Angestellten in einem Unternehmen nicht ganz anders: Die Unternehmensberatung Boston Consulting Group untersuchte in Deutschland, Frankreich, Spanien und Großbritannien, welche Kompetenzen in der Vorstandsetage gefragt sind. Von den Angestellten legen 37 Prozent *den größten Wert auf menschliche Qualitäten, 20 Prozent auf Tatkraft und nur 14 Prozent auf den Intellekt von Chefinnen und Chefs (*Tomšić 2021). Menschliche Qualitäten ordnen wir Personen zu, die ein hohes Ansehen, also Prestige besitzen, nicht aber mächtigen Männern.

Die meisten Menschen wünschen sich, wenn sie über frei zugängliche Informationen verfügen und frei wählen dürften, eine demokratische Regierungsform. Der evolutionäre Grund dafür dürfte auf der Hand liegen: Kooperation schlägt auf Dauer jede Form der Konfrontation. Spieltheoretiker konnten überzeugend darlegen, dass kooperatives Verhalten gegenüber anderen Verhaltensstrategien gewinnt, solange ein Kooperationswilliger in der Lage ist, bei Betrügereien zurückzuschlagen. Ins Politische übersetzt heißt das. „wehrhafte Demokratie". Demokratisch verfasste Staaten führen weniger Kriege und prosperieren deutlich stärker als autoritär geführte. Wie es scheint, finden wir Menschen nach Jahrtausenden der brutalen Herrschaft von Eliten in neuerer Zeit wieder zu diesen Wurzeln zurück.

Kooperation funktioniert am besten auf der Basis der Freiwilligkeit. Weil vorteilhafte Verhaltensweisen selektiert werden, verfügen wir über einen Gefühlshaushalt, der für Kooperation angelegt ist, aber leider nur in Bezug auf die In-Group. Das macht die Globalisierung, die weltweite Kooperation zu einem zentralen Thema, wenn wir in Frieden auf einer Welt leben wollen: Handelspartner sind Kooperationspartner sind In-Group. Spielt allerdings eine Nation mit gezinkten Karten, muss sich die übrige Welt dagegen wehren können.

Die Aufspaltung einer Gesellschaft entsteht vor allem über die Undurchlässigkeit der sozialen Schichten. Demokratische Politik muss bemüht sein, Einkommensunterschiede anzugleichen, denn das Gefühl, benachteiligt zu sein, spaltet eine Gesellschaft. Sie reduzieren das soziale Kapital, führt zu Gewalt und Kriminalität, verschlechtern die Gesundheit der Ärmeren und vermindern allgemein die Lebenschancen von denen, die in Armut aufwachsen. Statt dessen sollte das Bemühen der politischen Klasse sein, Gelder für öffentliche Güter bereit zu stellen, die die Lebensqualität der Durchschnittsbevölkerung verbessern. Dazu gehören öffentliche Verkehrsmittel, sichere Straßen, sauberes Wasser, eine umfassende Gesundheitsfürsorge und vor allem ein effizientes, gut ausgestattetes Bildungssystem.

Wie ähnlich sich Rassismus und soziale Benachteiligung sind, zeigt dieses Beispiel: In den USA scheinen *Einkommensunterschiede für die Schulleistung wichtiger als die Hautfarbe* zu sein (Simmank 2018). Bildung ermöglicht Teilhabe und ermöglicht sozialen Aufstieg und ist damit der *wichtigste Schlüssel für die Verbesserung der sozialen*

*Kohäsion [...]. Die realistische Aussicht, die soziale Stufenleiter erklimmen zu können, stellt eines der stärksten Motive dar, an die Gesellschaft zu glauben und sich nicht von ihr abzukapseln (*Fernsebner-Kokert & Osztovics 2018). Und sozialer Aufstieg ermöglicht wiederum auch, dem versiegenden genetischen Austausch zwischen sozialen Schichten entgegen zu wirken.

Ein „Wir"-Gefühl zu erzeugen, ist die wirkungsvollste Waffe nicht nur im Krieg, sondern auch in jedem politischen Kampf. Fakten spielen eine weit geringere Rolle. Denn unsere wichtigsten Überzeugungen übernehmen wir weitgehend unreflektiert von denen, die wir mögen und denen wir vertrauen. Und weil die Grundvoraussetzung für das Wir-Gefühl Vertrauen ist, gehört neben Kompetenz auch eine umfassende Transparenz zum politischen Handeln.

Populisten vermitteln den Wählern ein Wir-gegen-die-Anderen-Gefühl, weil sich ein Wir-Gefühl besonders stark einstellt, wenn es gegen die Anderen geht. Aus diesem Grund geht es Populisten fast immer auch um die rassistische Überlegenheit der eigenen Klientel, um Abgrenzung, Ausgrenzung und um ein Feindbild. Aber es gibt demokratischere Methoden, um ein Wir-Gefühl zu erzeugen: Es ist die gemeinsame Arbeit an einer großen Herausforderung. Solche Herausforderungen haben wir reichlich auf dem Planeten, die größte ist z.Z. der Klimawandel. Wir sehen eine weltweite Bewegung über alle Kontinente und Bevölkerungen hinweg, die gewillt ist, sich gemeinsam der Bedrohung zu stellen und für die Zukunft der Menschheit zu arbeiten. Der Klimawandel ist eine große Bedrohung, aber er bietet auch die Chance, die Welt näher zusammen zu bringen.

Demokratie und Softgene

Der Erkenntnisapparat, der uns von der Evolution mitgegeben wurde, ist keiner Wahrheit verpflichtet. Daraus folgt leider, dass wir vermutlich alle irgendwie falsch liegen. Aber immerhin gibt es eine Art der Selektion bei der Evolution geht es um die Anpassung an die Umwelt. Wenn wir das voraussetzen, wird klar, warum die Naturwissenschaften wie kein anderes Wissen für unsere Existenz nützlich sind: Sie machen uns die Natur berechenbar.

Es gibt keine absolute Gewissheit, aber leider neigen wir dazu, uns absolut gewiss zu sein – wir sind es aus konformistischen Gründen. Je nach politischer Gruppierung werden die gerade passenden Behauptungen als Wahrheiten deklariert: Sie haben Fakten? Nun, wir wissen es anders und besser." Ein Wähler ist bei Wahlen dazu aufgerufen, über verschiedene Politikkonzepte abzustimmen *und wenn er in einer Vorstellungswelt fernab der Realität lebt, dann kann er schwerlich die Interessen der Allgemeinheit verfolgen – und möglicherweise nicht einmal seine ureigenen. Sieht man etwa, wie falsch die Höhe von Arbeitslosengeld I und Hartz IV eingeschätzt wird und welche Rolle diese in der politischen Auseinandersetzung spielen, dann muss man darauf hinweisen: Viele Menschen gehen mit erheblichen Wissenslücken wählen (*Heuser 2018).

In „Mein Kampf" von Adolf Hitler forderte dieser: *Der völkische Staat hat in dieser Erkenntnis seine gesamte Erziehungsarbeit in erster Linie nicht auf das Einpumpen bloßen Wissens einzustellen, sondern auf das Heranzüchten kerngesunder Körper ... und erst als letztes die wissenschaftliche Schulung*. Nun ist natürlich nichts gegen einen gesunden Körper einzuwenden, aber Demagogen wussten damals, genauso wie sie es heute wissen, dass eine solide wissenschaftliche Bildung ihren Zielen entgegen steht.

Wer nicht mitdenkt, der kann auch nicht mitgestalten. Wer keine Bildung hat, kann nicht mitdenken. Und Menschen spüren das. In einer Studie des Meinungsforschungsinstituts Gallup aus Washington D.C., in der weltweit untersucht wurde, wovor die Menschen Angst haben, *gaben 57 Prozent der Befragten an, „Fake News" seien ein großes Problem. Besonders groß war die Sorge in Regionen mit ungleich verteilten sozioökonomischen Ressourcen sowie ethnischen, religiösen oder politischen Konflikten* (Schulte von Drach 2020).
Über die Verschwörungstheorien, die im Zuge der Corona-Pandemie auftauchen, schreibt Mely Kiyak in ihrer Kolumne: *Was derzeit auf der Straße öffentlich zusammengetragen und formuliert wird, ist unter Umständen auch das Ergebnis einer defizitären Medien- und Kulturkompetenz oder schlicht: mangelnder Bildung, und zwar ganz gleich, ob es sich um akademische Ökoradikale handelt oder deutsche Soulsänger* (Kiyak 2020). In Serien wie „The Blacklist" tauchen diese Verschwörungstheorien auf, und wer nicht gelernt hat, Fiktion und reales Leben ausreichend scharf zu trennen, läuft Gefahr, irgendwann mit einem Aluhut auf dem Kopf herum zu laufen. Und wäre das nicht genug, tauchen jetzt auch allüberall Künstliche Intelligenzen auf, die uns das Leben noch weit schwieriger machen werden, Wirklichkeit und Fiktion auseinander zu halten.
Das Beste gegen Fake News ist die Vermittlung eines soliden wissenschaftsbasierten Grundwissens. Denn die Befreiung des Menschen aus seiner selbst verschuldeten Unmündigkeit beruht auf der unermüdlichen Arbeit des kollektiven Fact-Checking, auf den Ergebnissen von Wissenschaft, Technik und Aufklärung. Überall um uns herum haben wir es mit mathematischen, wirtschaftlichen, sozialen und psychologischen Zusammenhängen zu tun. Wir verfügen heute über einen großen Schatz an

spannendem Wissen, etwa darüber, welche Faktoren bei einem Kind für die Entwicklung seiner Persönlichkeit ausschlaggebend sind und wieso das für den Lebenserfolg wichtig ist. Wir verfügen über Wissen darüber, was Ungleichheit, Armut oder Drogenkonsum begünstigt, wieso Arbeitslosigkeit krank macht, und wie bestimmte Gase das globale Klima verändern. Wissenschaftliche Erkenntnisse sind unsere erfolgreichsten Softgene und deshalb sind sie möglichst weit zu streuen. Und das geschieht am besten über ein gutes Bildungssystem.

Weltsprache

Eine grundsätzliche Frage in Bezug auf Rassismus ist, wie jeder für sich in der großen globalisierten und damit anonymen Welt ein Gemeinschaftsgefühl entwickeln kann. Nelson Mandela soll gesagt haben, das es in den Kopf gehe, wenn jemand mit dir in einer Sprache spricht, die du verstehst, aber dass es in dein Herz geht, wenn jemanden dich in deiner eigenen Sprache anspricht (Bregman 2019, S. 393). Nun können nicht alle Menschen auf der Welt alle Sprachen lernen. Aber wir könnten alle, als zweite Muttersprache, dieselbe Sprache lernen.
Schon die Römer waren sich dessen bewusst, dass zu einem gemeinsamen Reich eine gemeinsame Sprache gehört und sind bestrebt, mit der Ausdehnung ihres Reiches *auch den Gebrauch der lateinischen Sprache auszudehnen* (Gibbon 2006, S. 39). Und mit der Sprache verändern sie unmerklich die Denkweise in den lateinischen Provinzen bezüglich römischer Moden und Gesetze – die Sprache vereinheitlicht das Weltbild römischen Weltreich. Genau genommen ist das Römische Reich sprachlich dreigeteilt in (1) den lateinischen Westen, (2) den griechisch sprechenden Osten und (3) dem Rest, z.B. Syrien und Ägypten, wo

sich diese beiden Sprachen nicht durchsetzen können. Die griechische und die römische Sprache *üben zur gleichen Zeit ihre gesonderte Herrschaft im ganzen Reich aus, die eine als das geborene Idiom der Wissenschaften, die andere als der gesetzliche Dialekt der öffentlichen Verhandlungen.* In Syrien und Ägypten schließt der Gebrauch der alten Dialekte hingegen *diese Barbaren von dem Verkehr mit der übrigen Menschheit aus und hindert zugleich ihre Zivilisation (*Gibbon 2006, S. 41). Latein blieb in Europa bis lange in die Neuzeit hinein das verbindende Glied des Klerus und der Gelehrten. Wie wichtig der Brückenschlag über eine einheitliche Verständigung ist, zeigt auch das chinesische Schriftsystem. Auch wenn in der VR China viele verschiedene Sprachen gesprochen werden, so kann doch jeder dieselben Bücher und Zeitungen lesen und sich so dem großen chinesischen Reich zugehörig fühlen. Denn einem Schriftzeichen für „Pferd" „馬 " ist es egal, ob es doki, caballo, horse oder Pferd ausgesprochen wird. Heute hat sich Englisch als universale Wissenschaftssprache durchgesetzt. Erst dieses gemeinsame Idiom ermöglichte es den Wissenschaftlern, kooperativ über alle Ländergrenzen hinweg zusammen zu arbeiten und zu forschen.
Die Einführung einer einheitlichen gemeinsamen Sprache, als Zweitsprache für alle, wäre vermutlich auch für die EG ein notwendiger Baustein für die Verstärkung eines europäischen Gemeinschaftsgefühls. Jetzt, wo Großbritannien nicht mehr der EG angehört, wäre sicherlich Englisch die beste Wahl. Denn niemand muss sich jetzt noch privilegiert oder übervorteilt fühlen, Englisch ist in keinem Lnad der EU mehr Muttersprache. Und weil Englisch sich als die Wissenschaftssprache durchgesetzt hat, beherrscht sowieso schon ein Großteil der Europäischen Bevölkerung dieses Sprache. Umgekehrt sehen wir schon bei Walen, dass Sprache eine der artspezifischen

Trennlinien sein kann. Fremde Menschen erkennen wir an ihrer fremden Sprache. Nationalstaaten grenzen sich über ihre einheitliche Sprache ab. Sprachebarrieren sind traditionell starke Grenzmauern zwischen Populationen.
*Menschen mit ähnlichem Sprachstil freunden sich eher an (*Gelitz 2020 (1)).
Es scheint keine gute Idee zu sein, regionale Dialekte zu fördern, denn das führt zwangsläufig zur Abgrenzung verschiedener ethnischer Gruppen. Vielmehr sollte es selbstverständlich werden, dieselbe (Fremd-) Sprache zu sprechen, sodass wir uns alle überall mit jedem unterhalten können. Es wäre ein Grundbaustein eines gemeinsamen Weltbildes, eines von allen Menschen geteilten Softgenoms.
Im Grunde benötig der Mensch drei (bzw. vier) Sprachen: (1a) Seine Muttersprache, um sich mit seiner Familie zu verständigen, (1b) dann die Sprache des sozialen Umfelds, falls es nicht die „Muttersprache" ist. (3) Englisch benötigen wir heute schon, um uns mit dem Rest der Weltbevölkerung verständigen zu können und schließlich: (4) Mathematik – falls uns einmal ein Alien begegnet. Denn die Mathematik, die Sprache der Naturwissenschaften, wird in allen Ecken des Universums verstanden, u.a. auch auf der ISS. Die erste(n) Sprache(n) verbinden uns mit unserem direkten sozialen Umfeld, die zweite hoffentlich irgendwann mit allem Menschen, die dritte lässt uns uns als Teil des Kosmos fühlen.

Zusammen

Unser Wissen ist ein Werkzeug, dass dem H. sapiens an die Hand gegeben ist, um zu überleben, Sex zu haben und Kinder groß zu ziehen. Dabei ist es essenziell, möglichst gut über die Umwelt Bescheid zu wissen –

und genau dieses präzise Wissen stellen uns die Naturwissenschaften zur Verfügung. Die hier vorgestellte Softgen-Theorie geht davon aus, dass unser Wissen als Software zu interpretieren ist, die auf dem Gehirn als Hardware aufsetzt. Weiter postuliert die Theorie, dass das menschliche Verhalten und letztlich unsere Kultur, Erzeugnisse der Evolution seien, gespeichert in den Softgenen einer menschliche Gemeinschaft.

Die Einheit bezüglich der Selektion ist bei Softgenen nicht das einzelne Individuum, sondern die Gruppe. Verschiedene Softgene konkurrieren vor allem dann, wenn sie gruppenspezifisch für ähnliche kulturelle Universalien stehen wie Religion, oder soziale Normen. Unter dieser Prämisse wird ein breites Spektrum an Konflikten zwischen z.B. Ethnien, Nationen oder auch kleineren sozial definierten Gruppen verständlich. Rassismus z.B. wird dann besonders wahrscheinlich, wenn in einer Konkurrenz um Ressourcen oder Status nur eine Gruppe gewinnen kann. Konkurrenz ist, vor allem wenn sie in gewalttätigen Auseinandersetzungen ausgeübt wird, bestenfalls ein Nullsummenspiel, öfters aber verlieren beide Seiten. Kooperation dagegen generiert Mehrwert für beide Seiten. Archäologen und Ethnologen vermuten, dass die Landwirtschaft zu Mord und Totschlag geführt hat, weil sie zu ungleichen Ressourcenverteilungen führte, damit zur Elitenbildung beitrug und kriegerische Auseinandersetzungen attraktiv machte. Aber die kooperative Arbeitsteilung, die eine Landwirtschaft erforderte, hat langfristig ermöglicht, dass heute so viele Menschen gesund und in Wohlstand leben können wie nie zuvor. Die Lehre daraus ist: Evolutionär betrachtet siegt die Kooperation über die Konfrontation. Kooperation führt uns, in eine globalisierte Welt, langfristig zu Wohlstand und Frieden. Die EU als Projekt einer Befriedung Europas ist in dieser Hinsicht wegweisend. Es rentiert sich mehr, Märkte zu entwickeln, als andere Länder

kriegerisch heimzusuchen, wie es im Ersten und Zweiten Weltkrieg der Fall war, oder jetzt von Putin versucht wird.
Es macht aus dem Blickwinkel unserer evolutionären Vergangenheit Sinn, Wissen an unsere Freunde und Verwandten und selbst an unsere Horde oder den Stamm weiter zu geben, nicht aber an „Fremde". Aber – wenn wir uns alle als gleichberechtigte Weltbürger fühlen wollen – sollten wir diesen Zusammenhang umkehren: Um Fremde zu Freunden zu machen, müssen wir in einer globalisierten Welt für einen globalen Wissensaustausch eintreten. Der Transfer von Wissen und Know-how vor allem auch in die weniger industrialisierten Länder würde uns auf der Welt näher zusammenrücken lassen.
Eine Lösung globale Konflikte bietet ironischer Weise die Bedrohung durch den Klimawandel: Experimente zeigen, dass sich positive Beziehung zwischen konkurrierenden Gruppen etablieren lassen, wenn es übergeordneten Ziele gibt, die im Interesse aller liegen und einer gemeinsamen Anstrengung bedürfen (Christakis 2019, S. 304). Die Geschichte ist voll von solchen „übergeordneten" Zielen, wenn sie auch meistens sinnfreier waren, als die Arbeit an der Eindämmung des Klimawandels: Die Errichtung von Pyramiden in Ägypten oder Mesoamerika, der Bau der Tempelanlagen der Akropolis im alten Athen oder der Kathedralen in Frankreich und Deutschland. All diese Projekte förderten zweifellos die Gruppenidentität der daran Beteiligten.
Der Schlüssel für Frieden ist das Gefühl von Zusammengehörigkeit. Letztlich kommt es darauf an, wem wir als Freunde oder Fremde begegnen. Je mehr Gemeinsamkeiten wir in den Blick nehmen, desto näher rücken wir als Menschen zusammen. Der Zwang, uns zusammen zu raufen, um die globalen Problem des Klimawandels zu lösen, kann zu mehr Miteinander in der Welt führen. Und bei diesem Miteinander sollten

die Wissenschaftler aller Fachrichtungen Vorbildfunktionen einnehmen. Wollen wir alle friedlich zusammen leben, müssen wir bestimmte Softgene als universell anerkennen, damit unsere Weltbilder nicht zu weit auseinander liegen. Denn es sind die weit auseinander klaffenden Weltbilder, und nicht etwa die Hautfarbe, die zu Ablehnung, Rassismus und gewalttätigen Auseinandersetzungen führen. Naturwissenschaften und Technik sind diejenigen Softgene, die wir weltweit am ehesten teilen können, weil sie verlässliche Handlungsplanungen erlauben und daher weltumspannend akzeptiert werden. Sie fördern die weltweite Kooperation und erleichtern unser aller Leben. Wir sollten die Glaubwürdigkeit der Naturwissenschaften dafür nutzen, die länderübergreifenden Kooperationen zu stärken, irrationale Denkmodelle wie Religionen und Ideologien zurückzudrängen und den Rassismus zu bekämpfen. Um Pandemien, wie Covid-19 in Zukunft vermeiden zu können, müssen Biologen und Epidemiologen mit Sozialwissenschaftlern zusammenarbeiten. Denn es sind u.a. die kulturellen Essgewohnheiten und Verdienstketten, die dazu führen, dass solche Keime von Wildtieren auf Menschen überspringen können. Aber vor allem ein so komplexes Phänomen wie der Klimawandel erfordert eine fächerübergreifende Zusammenarbeit. Meteorologen und Geophysiker entwickeln zusammen mit den Informatikern Vorhersagemodelle für das zukünftige Klima. Unsere Wirtschaft muss umgestaltet werden, um einen katastrophalen Temperaturanstieg zu verhindern. Dafür bedarf es neuer Technologien, was in das Fachgebiet der Ingenieure fällt. Politiker müssen den Umbau der Wirtschaft politisch forcieren, Juristen müssen mithelfen, internationale Verträge zu verhandeln, denn das Problem ist nur global zu lösen.
Wirtschaftswissenschaftler müssen Wege aufzeigen, wie der Umbau der Wirtschaft zu finanzieren ist, die

Liste ist viel länger. Die notwendige Zusammenarbeit der Natur- und der Geisteswissenschaften kann aber nur dann gelingen, wenn sich beide Seiten auf dasselbe Vokabular und dieselben Grundideen einigen. Genau so ein Fundament zeigt die Softgen-Theorie auf, wobei sie die Humanwissenschaften gleichberechtigt neben die Naturwissenschaften stellt.

Die Erkenntnisse der Naturwissenschaften bleiben sinnlos, wenn sie nur Erkenntnisse liefern. Die vornehme Aufgabe der Geisteswissenschaften sollte sein, auf der Grundlage der Naturwissenschaften Wege für das politische und persönliche Handeln aufzuzeigen und Handlungsdruck für eine Weltordnung zu erzeugen, in der alle in Frieden, Freiheit und Wohlstand leben können. Die Softgen-Theorie bietet die Möglichkeit, die Lücke in der Verständigung zwischen Geistes- und Naturwissenschaften zu schließen, zu einer einheitlichen Wissenschaftssprache zu finden, den Rassismus besser zu verstehen und eine einheitliche Strategie gegen den Klimawandel zu formulieren und durchzusetzen. Joybrato Mukherjee, Präsident des Deutschen Akademischen Austauschdienstes (DAAD) fordert: *Wir Menschen werden auf dem begrenzten Planeten Erde mit bald mehr als 7,6 Mrd. Menschen nur überleben, wenn wir planetar denken und gemeinsam global handeln. Die internationale Wissenschaftsgemeinde sollte dabei vorangehen (*Mukherjee 2020). Natur- und Kulturwissenschaften sollten das gemeinsam und vor allem mit einer Stimme tun.

Literatur

Internet-Ressourcen

(Jahreszahl in Klammer bezieht sich auf das Datum des Abrufes im Internet)

dewiki.de 01 (2024): dewiki.de/Lexikon/Pastoralismus.

hagalil 01 (2024): https://www.hagalil.com/judentum/rabbi/fh-0807.htm

mpg.de 01 (2024): mpg.de/12299006/eizelle-partnerwahl.

idw-online 01 (2024): idw-online.de/de/event41472.

wikipedia 01 (2024): de.wikipedia.org/wiki/Rasse.

wikipedia 02 (2024): wikipedia org/wiki/Homininini.

wikipedia 03 (2024): wikipedia.org/wiki/Homo.

wikipedia 04 (2024): wikipedia.org/wiki/Art_%28Biologie%29.

wikipedia 05 (2024): de.wikipedia.org/wiki/Kultur#Wortherkunft.

wikipedia 06 (2024): de.wikipedia.org/wiki/Verwandtenselektion.

wikipedia 07 (2024): wikipedia.org/wiki/Intellektueller.

wikipedia 08 (2024): wikipedia.org/wiki/Franz_Boas.

wikipedia 09 (2024): wikipedia.org/wiki/Identitätspolitik.

wikipedia 10 (2024): wikipedia.org/wiki/Chronologie_der_Rassengesetze_der_ Vereinigten_Staaten.

wikipedia 11 (2024): wikipedia.org/wiki/Rassentheorie

scinexx 01 (2024): scinexx.de/news/biowissen/bienen-verstehen-das-prinzip-der-null/.

spektrum 01 (2024): spektrum.de/lexikon/biologie/vomeronasalorgan/69876.

statista 01 (2024): de.statista.com/statistik/daten/studie/579175/umfrage/vorfaelle-und-todesfaelle-durch-schusswaffen-in-den-usa/

textlog 01 (2024): textlog.de/23111.html.

Ackerman, E. (und 151 andere): Liberalismus: Widerstand darf kein Dogma werden. – Zeit.de, 08.07.2020.

Adam, D. (2019): Gene und Umwelt: Wie Gene unsere Persönlichkeit beeinflussen. – Spektrum.de, 04.12.2019.

Anhäuser, M. (2007): Egoismus schafft Gemeinsinn. – Max Planck Forschung 4/2007, S. 38-43.

Arndt, E. M. (1815): Das Wort von 1814 und das Wort von 1815 über die Franzosen.

Axelrod, R. (1984): The Evolution of Cooperation.

Ayan, S. (2022): Status: Ich gelte, also bin ich. – Spektrum.de, 02.05.2022.

Baker, R. (2002; 2. Aufl.): Krieg der Spermien. – Weshalb wir lieben und leiden, uns verbinden, trennen und betrügen.
Bauermeister, C. (2012): Das Hirn wählt links. – www.politik-kommunikation.de.
Becker, P.-R. (2021): Wie Tiere hämmern, bohren, streichen.
Benz, A. (2024): Gewaltexzesse im Krieg: Wie Menschen zu Unmenschen werden. – Spektrum.de, 19.01.2024.
Blage, J. (2020): Die neue Entstehung der Arten. – sciencenotes.de/die-neue-entstehung-der-arten/
Blawat, K. ():Das Prinzip der Konvergenz. - .geo.de/magazine/geo-kompakt/5455-rtkl-evolution-das-prinzip-der-konvergenz.
Blume, M. (2020/2): Verschwörungsmythen.
Blume, M. (2022): Die deutschen Kirchen im Rückzug – Neue Zahlen und EKD-Austrittsstudie nun online. – scilogs.spektrum.de, 26.03.2022.
Bojanowski, A. (2011): Ehe unter Gleichen. – Spiegel.de, 08.05.2011.
Braslavsky, E. (2018): Die Vorfahren aus Afrika, die Tochter semmelblond. – Zeit.de, 11.02.2018.
Bregman, R. (2020): Im Grunde gut. – Eine neue Geschichte der Menschheit.
Brodicky, S. (2018): Wie die Evolution uns immer noch verändert. – medienportal.univie.ac.at/presse/aktuelle-pressemeldungen/detailansicht/artikel/wie-die-evolution-uns-immer-noch-veraendert/
Bröning, M. (2019): Identitätspolitik: Karl Marx war auch nur ein alter weißer Mann. – Zeit.de, 25.03.2019.
Brooks, D. (2021): Why Is It OK to Be Mean to the Ugly? – nytimes.com, 24.06.2021.

Büchner, G. (1834; Hrsg. Jansen, U. 2016): Der Hessische Landbote. 2016 Reclam jun.
Charisius, H. (2018): Tierpsychologie Der fiese Affe ist besonders attraktiv. – Sueddeutsche.de, 04.01.2018.
Christakis, N. (2019): Blueprint. – Wie unsere Gene das gesellschaftliche Zusammenleben prägen.
Cialdini, R.B. (2001): Die Kunst, Menschen zu beeinflussen. – Spekt. d. Wiss. S. 56-61.
Collins, R. (2011): Dynamik der Gewalt . – Eine mikrosoziologische Theorie.
Collmar, K. (2014): Geburtsgröße – Das neue Standardbaby. – Süddeutsche online, 13.09.2014.
Damon, W. (1999): Die Moralentwicklung von Kindern. – Spekt. d. Wiss. S. 63-70.
Darwin, C. (1875): Die Abstammung des Menschen und geschlechtliche Zuchtwahl. In: Charles Darwin's gesammelte Werke. Aus dem Englischen übersetzt von J. Victor Carus.
Dawkins, R. (2008): Warum gibt es Menschen? – In: Triebkraft Evolution, Spektrum Sachbuch, Zeit Wissen Edition S. 119-134.
Dawkins, R. (2010; Nachdruck 2018): Der erweiterte Phänotyp Der lange Arm der Gene.
De Waal, F. (2015): Der Mensch, der Bonobo und die zehn Gebote.
Dilthey, W. (1910): Der Aufbau der geschichtlichen Welt in den Geisteswissenschaften.
Dönges, J. (2010): Schimpansen töten Nachbarn für ein Stück Land. – Handelblatt.com, 22.06.2010.
Dönges, J. (2020); Fruchtbarkeit: Frauen mit Neandertaler-Gen haben leichtere Schwangerschaft. – Spektrum.de, 28.05.2020.

Ebert, V. (2019): Vince Ebert extrapoliert: Was wäre, wenn wir die Gefahren der Kernenergie überschätzten? Spektrum.de, 31.12.2019.

Eibl-Eibesfeldt, I. (1997, 3. Aufl.): Die Biologie des menschlichen Verhaltens.

Engeln, H. (2020): Evolutionsbiologie: Die gute Seite der Viren. Spektrum.de, 16.04.2020.

Ewe, T. (2021): Der unfassbare Frühmensch. – Spektrum Geschichte 01/21, S. 64-75.

Fernsebner-Kokert, B. & Osztovics, W. (2018): Gesellschaftlicher Zusammenhalt: Jeder will eine Insel sein. – Zeit.de, 15.01.2018.

Finke, B. (2016): Ökonomen-Serie Die Welt wird immer besser. – Sueddeutsche.de, 11.07.2016.

Fischer, L. (2015): 5 Fakten über Sex, die in keinem Porno vorkommen. – Spektrum.de, 29.01.2015.

Fischer, L. (2021): Evolution: Was Eckzähne über die Menschwerdung verraten. – Spektrum.de, 07.12.2021.

Fischer, M.S., Hoßfeld, U., Krause, J., Richter, S. (2019): Jenaer Erklärung Das Konzept der Rasse ist das Ergebnis von Rassismus und nicht dessen Voraussetzung. -

Fitzpatrick, J., Willis, C., Devigili, A., Young, A., Carroll, M., Hunter, H. & Brison, D. (2020): Chemical signals from eggs facilitate cryptic female choice in humans. – 10.06.2020. doi.org/10.1098/rspb.2020.0805.

Fleischer, B. (2015): Kommunikation: Pottwale bilden Sprachfamilien. – Spektrum.de, 09.09.2015

Fleischhauer, J. (2018): Eliten-Diskurs Warum die Linke den Kampf gegen rechts verliert. – Spiegel.de, 25.01.2018.

Follath, E. (2018): Dieser Mann ist ein Hetzer. – Die Zeit Nr. 9, 22.02.2018; S. 8.

Freiermuth, A. (2011): Wahrnehmung Die Natur der Schönheit. – Beobachter.ch, -11.03.2011

Gast, R. (2020): Archäologie: Blutrünstige Reiternomaden. – Spektrum.de, 22.09.2020.

Gatzke, M & Koschnitzke, L. (2017): Ise Bosch: "Der Kapitalismus schmeißt Geld nach ganz oben" Zeit.de, 28.11.2017.

Gelitz, C. (2019): Gesellschaftlicher Wandel: Alte Vorurteile schwinden – mit einer Ausnahme. – Spektrum.de, 07.01.2019.

Gelitz, C. (2020/1): Wortwahl: Eine gemeinsame Sprache erhält die Freundschaft. – Spektrum.de, 01.01.2020.

Gelitz, C. (2020/2): Corona-Maßnahmen: Wer hält sich an die Regeln? – Spektrum.de, 07.07.2020.

Gelitz, C. (2021): Schulnoten: Minuspunkte für Übergewicht. – Spektrum.de, 15.03.2021.

Gibbon, E. (2006): Verfall und Untergang des Römischen Reiches. (Erstmals auf Deutsch: 1837).

Godman, P. (2001): Die geheime Inquisition – Aus dem verbotenen Archiven des Vatikans.

Graeber, D. & Wengrow, D. (2022): Anfänge – Eine neue Geschichte der Menschheit.

Grill, M., Hackenbroch, V. (2010): Der große Schüttelfrust. In: Der Spiegel, Nr. 28, S. 67.

Grolle, J. (2014): Der Klimaklempner. – Spiegel.de, 29.11.2014.

Guttenberger, S. (2014): Die 10 verrücktesten Balzrituale der Tierwelt. – Spektrum.de 07.03.2014.

Hassebrauck, M. & Küpper, B. (2003, 2. Aufl.): Warum wir aufeinander fliegen – Die Gesetze der Partnerwahl

Hauschild, J. (2018): Psychologie Die Kraft der Freundschaft Spiegel.de, 24.02.2014

Helbig, H. & L. (1983 3. Aufl.): Mythos Deutsch-Südwest. Zitiert nach: Geschichte Lernen H. 3, Mai 1988, S. 30.

Helm, M. (2024) Staatsziel: Alle wegsperren. Die Zeit 04.01.2024, S. 12.

Herrmann, S. (2017): Psychologie Wie bekommt man Fake News aus den Köpfen? - Sueddeutsche.de, 21.09,2017.

Herrmann, S. (2021): Psychologie:Soziale Relativitätstheorie. – Sueddeutsche.de, 18.01.2021.

Heuser, J.U. (2018): Wirtschaftswissen: "Ein großer Schatz an spannendem Wissen". – ZEIT Nr. 07/2018.

Horatschek, A.-M. (2017): Die Kartographie der Kultur aus blendender Nähe. – – In: Rüther, D. Gauger, J.-D. (Hrsg. 2007): Warum die Geisteswissenschaften Zukunft haben! Ein Beitrag zum Wissenschaftsjahr 2007, S. 230-241. Konrad-Adenauer-Stiftung.

Hrdy, S.B. (2000): Mutter Natur. Die weibliche Seite der Evolution. Berlin.

Hrdy, S.B. (2010): Mütter und Andere. Berlin.

Hübl, P. (2017): Was Progressive und Konservative unterscheidet, sind ihre Gefühle. – NZZ.ch, 29.05.2017.

Hurka, S. (2020):Gewalt: Führen schärfere Waffengesetze zu weniger Gewalt? – Spektrum.de,

Iken, K. (2020): US-Historiker über Pandemiebekämpfung »Wir dürfen uns nicht allein auf Impfstoffe fokussieren«. – Spiegel.de, 26.11.2020.

Janositz, P. (2002): Prachtfedern erhöhen Chancen auf Sex. –

tagesspiegel.de/archiv/2002/01/06/ak-ws-5513041.html.
Jessen, J. (2019) Links oder rechts. – DIE ZEIT Nr. 19/2019, 02.05.2019.
Junker, T. (2021): Die Sex-Lüge: Warum 1000mal nichts passiert. In: br.de/fernsehen/ard-alpha/sendungen/campus/talks/sex-luege-junker-thomas-campus-talks-100.html.
Kahneman, D. (2011): Schnelles Denken, langsames Denken.
Kattmann (2004): Rassismus, Biologie und Rassenlehre. – https://www.zukunft-braucht-erinnerung.de/rassismus-biologie-und-rassenlehre/ – 14.09.2004.
Kattmann, U. (2019): Menschenrassen – das große Missverständnis. – Mint Zirkel, Jg. 8, Ausg. 4, Dez. 2019.
Kaulen, H. (2015): Nicht nur Dschingis Khan : Männer mit vielen Nachkommen. – faz.net, 21.02.2015.
Keltner, D. (2016) Das Macht-Paradox. Zitiert nach: Klumbies, H.: wissen57.de/dacher-keltner_machtmissbrauch.html, 06.12.2016.
Kenneally, C. (2023): Der Dodo soll von den Toten auferstehen. Spektrum.de, 01.02.2023.
Khamsi, R. (2007):In promiscuous primates, sperm feel need for speed. – newscientist.com, 25.07.2007.
Kilan, T. (2017): Gesellschaftsbild und Entfremdung. – e-book (Verlag Athena).
Kiyak, M. (2020): Kiyaks Deutschstunde / Verschwörungstheorien: Ah, hier kommt das her! Zeit.de, 21.05.2020.
Kliemann, P. (2011; 15. Aufl.): Glauben ist menschlich.
Klormann, S. (2017): Frieden: "Nationalismus ist ganz klar schädlich". – Zeit.de, 19.10.2017.

Klovert, H. (2019): Mythos und Wirklichkeit „Wer in der Schule Latein hatte, gilt als höher gebildet" – Spiegel.de, 02.09.2019.

Knauer, R. (2004): Wölfe unter Wasser. – bild-der-wissenschaft.de und Heft 11/2004, S. 32.

Koch, T. (2020): Kulturelle Aneignung: Warum Mode rassistisch sein kann. – globalcitizen.org/de/content/kulturelle-aneignung-warum-mode-rassistisch-sein-k/. 10. August 2020.

koe/dpa (2019): Umstrittenes Experiment Gen-Manipulation bedroht Gesundheit chinesischer Babys. – Spiegel.de, 03.06.2019.

Köhler, I. (2023): Der heilige Akt der Salbung. – tagesschau.de/ausland/europa/grossbritannien-kroenung-zeremoniell-100.html, 06.05.2023.

Krause, J. (2021): Die Reise der Gene.

Krauß, V. (2021): Das älteste Glücksspiel.

Kröll, F. & Pesendorfer, N. (2010 letzte Aktualisierung): Grundlagen sozialwissenschaftlicher Denkweisen. – Fakultät für Sozialwissenschaften, Universität Wien, univie.ac.at/sowi-online/esowi/cp/denkensoz/denkensoz-11.html, 26.01.2010.

Krupnikov, Y. (2020): The Real Divide in America Is Between Political Junkies and Everyone Else. -nytimes.com/2020/10/20/.

Küster, H. (1995): Geschichte der Landschaft Mitteleuropas.

Kutschera, U. (2001): Evolutionsbiologie. Eine allgemeine Einführung.

Landeskriminalamt Berlin (2022; Hrsg.: Polizei Berlin): Polizeiliche Kriminalstatistik Berlin 2022.

Ley, J. (2017): Myanmar "Nicht mit moralischen Keulen arbeiten". – Suedeutsche.de, 22.09.2017.

Lieder, M. (2021): Kant und der Rassismus. – philomag.de/artikel/kant-und-der-rassismus-0.

Lingenhöhl, D. (2019): Habsburger Unterlippe war Folge von Inzucht. – Spektrum.de, 02.12.2019.

Lingenhöhl, D. (2021): Walfang: Pottwale lernten den Harpunen zu entkommen. – Spektrum.de, 19.03.2021.

Losos, J.B. (2018): Glücksfall Mensch. – Ist Evolution vorhersagbar.

Lüdemann, D. (2016 (1)): Mutmaßlicher Anschlag in Berlin : "Politische Massenmörder sind selten krank" Interview mit Marc Sageman. – Zeit.de, 20.12.2016.

Lüdemann, D. (2016 (2)): Homöopathie: Postfaktische Pillen. – Zeit.de, 21.11.2016.

Luerweg, F. (2021): Sympathie: Wer mag wen? .- Spektrum.de, 03.02.2021

Manz, A. (2024): Darwin-Finken: Gesang als Evolutionshelfer? - scinexx.de/news/biowissen/darwin-finken-gesang-als-evolutionshelfer/.

Manzel, P.-P. (2002): Von Gott und der Welt – Das Evangelium der Naturwissenschaften.

Martenstein, H. (2017): Harald Martenstein Über die Sehnsucht nach Respekt. – ZEITmagazin Nr. 52/2016 3. Jan. 2017.

Matussek, M. (2001): Der Kontinent der Träumer. – Der Spiegel Nr. 12/2001. Spiegel.de, 18.03.2001.

Mayer, U. & Pandel, H.-J. (1988): Komm rüber und hilf. – In: Geschichte Lernen H. 3, Mai 1988, S. 41-42.

Mayr, E. (1988): Toward a New Philosophy of Biology. Observations of an Evolutionist. Harvard University Press, Cambridge.

Mayr, E. (2008): Die Evolution der Organismen oder die Frage nach dem Warum. – In: Triebkraft Evolution, Spektrum Sachbuch, Zeit Wissen Edition S. 29-52.

McWhorter, J. (2022): Die Erwählten – Wie der neue Antirassismus die Gesellschaft spaltet.

Meadows D.L., Meadows, D., Zahn, E.; Millin, P. (1972 – ungekürzte Ausgabe): Die Grenzen des Wachstums. RoRoRo.

Meller, H. (2015):): Krieg – eine archäologische Spurensuche. – – In: Meller, H. & Schefzik, M. (Hrsg.) (2015): Krieg – eine archäologische Spurensuche. – S. 19- 24.

Merlot, J. (2015): Waldrappe teilen sich die Führungsarbeit. - Spiegel.de, 03.02.2015.

Meyer, A. & Stiassny, M. L. J. (1999): Buntbarsche – Meister der Anpassung. – Spektrum.de, 01.06.1999.

Miller, G.F. (2001): Die sexuelle Evolution.

Mingels, G. (2014): Ignoranz-Test: Wissen Sie wirklich, wie es um die Welt steht? – Spiegel.de, 10.09.2014.

Mukherjee, J. (2020): Wissenschaft: Lernt planetares Denken! Zeit.de, 27.05.2020.

Neuhäuser, D. (2020): Witwenverbrennung: Das Ende von Sati.– Spektrum.de, 28.06.2020.

Niehr, T. & Reissen-Kosch, J. (2019 [Nachdruck von 2018]): Volkes Stimme. Zur Sprache des Rechtspopulismus.

Nirenberg, D. (2023): Rassendenken und Religion im Mittelalter.

Nünning, A. (2009): Bundeszentrale für politische Bildung online: bpb.de/gesellschaft/bildung/kulturelle-bildung/59917/kulturbegriffe?p=all.

Oeberst, A. et al. (2023): Toward Parsimony in Bias Research: A Proposed Common Framework of Belief-Consistent Information Processing for a Set of Biases. – journals.sagepub.com.

Osterkamp, J. (2015): Paläogenetik: Wissenswertes über Europa, Sex und Neandertaler. – Spektrum.de, 01.07.2015.

Paulus, J. (2004): Macht durch Gardemaß. – wissenschaft.de, 17.08.2004.

Piegsa, O. (2014): Neurobiologie: "Die Seele ist eine Hirnfunktion". – Spiegel.de, 19.11.2014.

Pinker, S. (2003): Das unbeschriebene Blatt.

Pinker, S. (2011): Gewalt – eine neue Geschichte der Menschheit.

Pinker, S. (2014): Der Stoff, aus dem das Denken ist.

Podbregar, N. (2020): Inzest in der Steinzeit-Elite. – scinexx.de, 18.06.2020. (Nature, 2020; doi: 10.1038/s41586-020-2378-6).

Pöhl, F. (2018): Das Problem des Anderen am Beispiel des Kannibalismus- und Rassendiskurses von der Antike bis in die Neuzeit. – Dissertation zur Erlangung des Doktorgrades der Philosophisch-Historischen Fakultät der Leopold-Franzens-Universität Innsbruck.

Precht, R.D. (2007): Wer bin ich und wenn ja, wie viele?

Qiliang Ding, Ya Hu, Shuhua Xu, Jiucun Wang, Li Jin (2014): Neanderthal Introgression at Chromosome 3p21.31 Was Under Positive Natural Selection in East Asians. – Molecular Biology and Evolution, Volume 31, Issue 3, March 2014, Pages 683–695.

Rauner (2016): Bonobos und Schimpansen: Die zwei Gesichter des Menschen. – Zeit.de, 15.04.2016.

Reinhard, R. & Vašek, T. (2019): Sprache: Identität ist Bullshit 29.07.2019, Zeit.de.

Richerson, P.J., Boyd, R. & Henrich, J. (2010): Gene–Culture Coevolution in the Age of Genomics. – https://www.ncbi.nlm.nih.gov/books/NBK 210012/

Ridley, M. (1995): Eros und Evolution – Die Naturgeschichte der Sexualität.

Ridley, M. (1997): Die Biologie der Tugend. – Warum es sich lohnt, gut zu sein. – Berlin.

Riesch, R. (2017): Orcas – Artenbildung einmal anders. – spektrum.de/artikel/1438957, aus: Spektrum, 4/17.

Rosling, H. (2018): Factfulness, – Wie wir lernen, die Welt so zu sehen, wie sie ist.

Roth, G. (2001): Fühlen, Denken, Handeln. – Wie das Gehirn unser Verhalten steuert. Frankfurt.

Rühle, A. (2018): Verschwörungstheorien Verschwörungstheorien bedrohen die Demokratie. – Sueddeutsche.de, 28.01.2018.

Sachser (2018): Der Mensch im Tier.

Salzburger, W. (2012): Evolution in Darwins Traumseen: Die adaptiven Radiationen der Buntbarsche in Ostafrika. dzg-ev.de/de/publikationen/mitteilungen... /2012_s27_wa_preis_salzburger.pdf.

Sapolsky, R. (2017): Gewalt und Mitgefühl. – Die Biologie des menschlichen Verhaltens.

Safina, C. (2022): Die Kultur der wilden Tiere.

Schaarschmidt, T. (2021): Psychologie der Vergeltung: Rache ist bittersüß. – Spektrum.de, 03.12.2021

Schlak, M. (2020): Elementarteilchen – der WissensNewsletter 04.01.2020. spiegel.de/wissenschaft/mensch/usa-forscher-will-mit-einer-dating-app-seltene-krankheiten-ausrotten-a-1303371.html

Schlott, K. (2022): Bunt, bunter, Tropenvogel. – Spektrum.de, 06.04.2022.
Schlott, K. (2024): Bei Rindern herrscht Leck-Ordnung. – spektrum.de, 29.02.2024.
Schmidt-Salomon, M. (2001): Die Entzauberung des Menschen. www.schmidt-salomon.de/entzaub.htm.
Schmitt, S. (2017): Post-was? Fakt you! Zeit.de, 05.01.2017.
Schönherr, M. (2018): Rassismus gegen Weiße in Südafrika nimmt zu "Tötet ihr einen, töten wir fünf". – domradio.de/themen/menschenrechte
Schubert, F. (2021): 20 Jahre Humangenomprojekt: „Verstanden haben wir unser Erbgut noch lange nicht." – Spektrum.de, 15.02.2021.
Schulte von Drach M.C. (2020): Umfrage in 142 Ländern: Die Sorgen der Welt. – Sueddeutsche.de, 07.10.20.
Seidler, C. (2013, 1): Tierischer Rekord: Laubheuschrecken haben die größten Hoden. – Spiegel Online 07.03.2013
Shipman, P. (2021): Zoologie: Der mysteriöse Dingo. – Spektrum.de, 22.10.2021.
Sigmund, K. (1997): Spielpläne; Zufall, Chaos und die Strategien der Evolution.
Simmank, J. (2018): Medizin Schlecht in der Schule wegen Larven im Kopf. – Sueddeutsche.de, 22.01.2018.
Sommer, M. (2022): Das geheime Leben der Römer.
Spinney, L. (2021): Wie die Bauern Europa eroberten. – Spektrum Geschichte 1/21, S. 12-28.
Spohr, F. (2018): Singapur: Wenigstens ein paar gute Schlagzeilen. – Zeit.de, 11.06.2018.
Stiassny, M. & Meyer, A,. (1999): Buntbarsche, Meister der Anpassung. – Spekt. D. Wiss. 06/1999, S. 36-43.

Stöcker, C. (2016): Gegen Trump, AfD und Co. Rationale aller Länder, vereinigt euch! Spiegel.de, 23.10.2016.

Sturm, M. (2017): Jeder, der arbeitet, verkauft seinen Körper. – Zeit.de, 03.12.2017.

Tautz, D. (2021): Evolutionstheorie auf dem Prüfstand. –Spekt. d. Wiss. Nr. 5/21, S. 12-19.

Tomasello, M. (2016): Eine Naturgeschichte der menschlichen Moral.

Tomšić, S. (dap) (2021): Mitarbeiter wünschen sich menschliche Chefs. –Zeit.de. 06.02.2021.

Toprak, A.E. (2021): Politische Repräsentation: Erdoğan dienen und in den Bundestag wollen – geht's noch? Zeit.de, 14.04.2021.

Türcke, C. (2016 3. Aufl.): Lehrer Dämmerung.

Von Rönne, R. (2017): Heute ist leider schlecht / Subjektivität: Wir Etikettierer – Zeit.de, 05.12.2017.

von Thadden, E. (2016): Es gibt keinen Weg zurück. – Die Zeit N. 48, 12.11.2016, S. 46.

Walter, C. (2008): Hand und Fuß – Wie die Evolution uns zu Menschen machte.

Weber, C. (2019): Religionsforschung Die Geburt der Götter. – Sueddeutsche.de, 23.03.2019.

Wickler, W. (1971): Die Biologie der Zehn Gebote. München.

Wied, M. & Bergmann, K. (1988): Die Barbaren sind Sklaven – wir Griechen aber sind frei. – In: Geschichte Lernen H. 3, Mai 1988, S. 18-22..

Wilson, E.O. (2000; 1. Auflage 1998): Die Einheit des Wissens. – Goldmann Taschenbuchausgabe.

Wilson, E.O. (2013): Die soziale Eroberung der Erde.

Witte, V. (2015): Kriegerisches Verhalten bei Ameisen. – In: Meller, H. & Schefzik, M. (Hrsg.) (2015): Krieg – eine archäologische Spurensuche. – S. 57- 60.

Wunn, I., Urban, P. & Klein, C. (2015): Götter, Gene Genesis. – Die Biologie der Religionsentstehung. Siehe auch: Wunn, I. (?): Raum, Territorialität und jenseitige Welten. Auf dem Server der sommer.uni-hannover.de.

Zech, M. (2022): Treibhausklima: Die Heißzeit der Dinosaurier.- Spektrum.de, 10.11.2022.

Zielinski, S.L. & Smith, C.L. (2015): Schlaue Hühner. – Spektrum.de, 22.04.2015.

Zittlau, J. (2012): Schwächen des Homo sapiens Wie die Evolution den Menschen piesackt. – Spiegel.de, 16.05.2012.

Über den Autor

*Peter-Paul Manzel lebt(e) in Bochum, Berlin, Bremen,
auch mal in Mexico D.F., heute in Darmstadt;
studierte Mathematik, Geographie und Kunst;
ist promovierter Polargeograph, Aikido-Meister
Verfasser verschiedener populärwissenschaftlicher
Bücher*

Gern sehen wir uns auf meiner Webpage:
www.welterklaerer.de;
Kommentare an:
kommentar-an@welterklaerer.de

www.ingramcontent.com/pod-product-compliance
Lightning Source LLC
Chambersburg PA
CBHW050052230526
45470CB00004B/1496